嘎嗚鳥家登場！

鳥人鳥事多

雞腿、漢堡包——著

HOT

鳥醫師．各方啾友齊聲推薦

雞腿與漢堡包家，熱鬧非凡的鳥生活出書啦！雞飛鳥跳的有趣鳥生活，看他們家就對了

BIRD ERA
鳥時代

綠野香波
與貓朋友的
生活日記

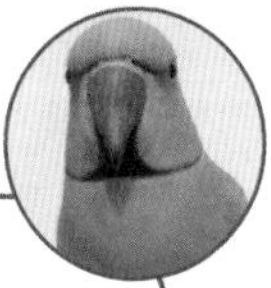

如果你不懂鳥類這個生物，你應該買這本書，你會發現原來鳥是這麼機車好笑的寵物伴侶。

謝謝鳥人鳥事多總是用圖文的方式讓大家知道鸚鵡小朋友的可愛，養鳥真的要注意好多細節，不要因為一時的可愛就衝動去飼養，養了你就是他們的全世界，就算鳥寶們再機車再吵再煩都要負責他們的一生喔！——

Q 比＆胡迪鸚鵡
小朋友

本書用可愛風趣的小漫畫，畫出鳥奴日常，相信飼主們都會很有共鳴、會心一笑，正因為每一隻鳥都有不同的個性，才會讓生活變得更豐富有趣。

有鳥事發生
Bird things

鳥奴看了會心一笑的可愛小書，讓人想一頁接著一頁，很適合小朋友學習豆知識的家庭使用。

黃世賢獸醫師
宏家動物醫院

臺灣終於有寵物鳥圖文作家出版飼養鳥會出現的各種樣貌。欣賞可愛的同時，也可以細細體會每隻鳥寶的不同之處！

林依儒獸醫師
羽森林動物醫院

柚町．
啾波麻糬

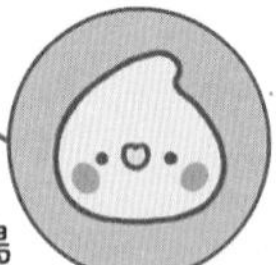

鳥寶們的性格描繪得十分生動可愛，溫馨逗趣的小故事讓人充滿療癒，看了心情輕鬆愉快！與鳥寶間的搞笑互動更是讓人深有共鳴（笑）。推薦給喜愛小動物的每個人～

角色介紹

甘蔗
不愛外出的
宅宅玄鳳

紅蟳米糕
愛溼鞦韆的
紅文鳥

阿弟仔
偶爾會出現在
故事裡的人類

秋刀魚
喜歡發呆的
銀文鳥

漢堡包
容易被
小鳥欺負
的弱鳥溫

大堡礁
很努力交朋友
的孩子

岸礁
熱愛分享
的太平洋

環礁
睡覺時頭
會往後仰

Keroro
家裡的大哥哥鳥
喜歡跟玄鳳玩

Hero
會搭訕
漂亮小姐姐
的灰鸚鵡

唐僧肉
愛黏著人類
的和尚鸚鵡

靜靜
調皮小玄鳳
會出其不意嘲諷大家

雞腿
座右銘是
「鳥鳥永遠是對的！」

目錄

Part 1

小鳥登場！

Keroro

這是Keroro，
他是隻月輪鸚鵡。
他很膽小。
抖抖
抖抖
一般人對月輪的印象：
眉毛
芝麻眼
鬍子
感覺兇兇der！

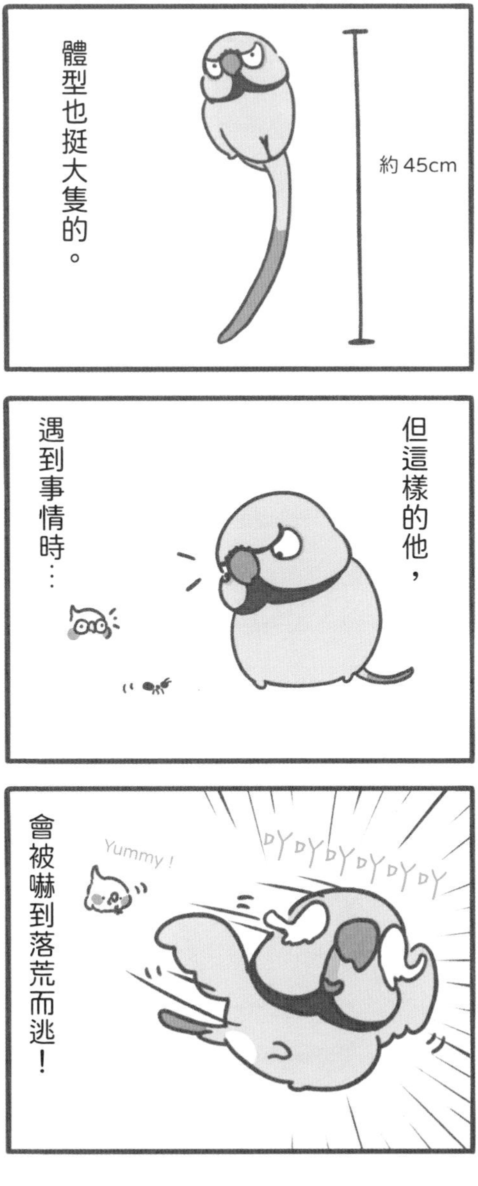
體型也挺大隻的。
約 45cm
但這樣的他，
遇到事情時⋯⋯
會被嚇到落荒而逃！
Yummy !
DYDYDYDYDYDY

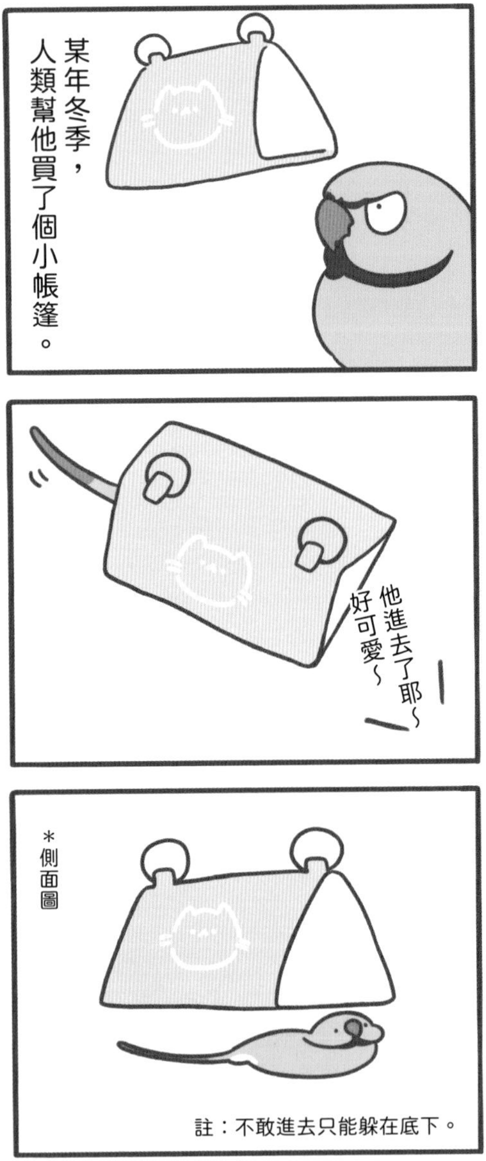
某年冬季，人類幫他買了個小帳篷。
他進去了耶～
好可愛～
*側面圖
註：不敢進去只能躲在底下。

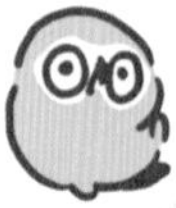

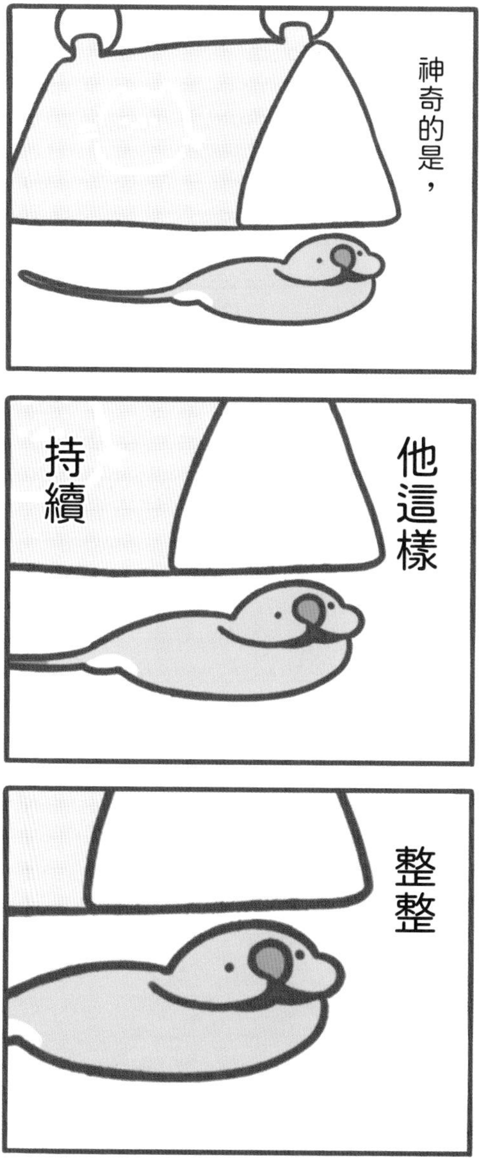
神奇的是，
他這樣
持續
整整

兩年

他們體型雖大，
但其實很膽小。
所以請多多關愛
膽子小小的月輪喔！

靜靜

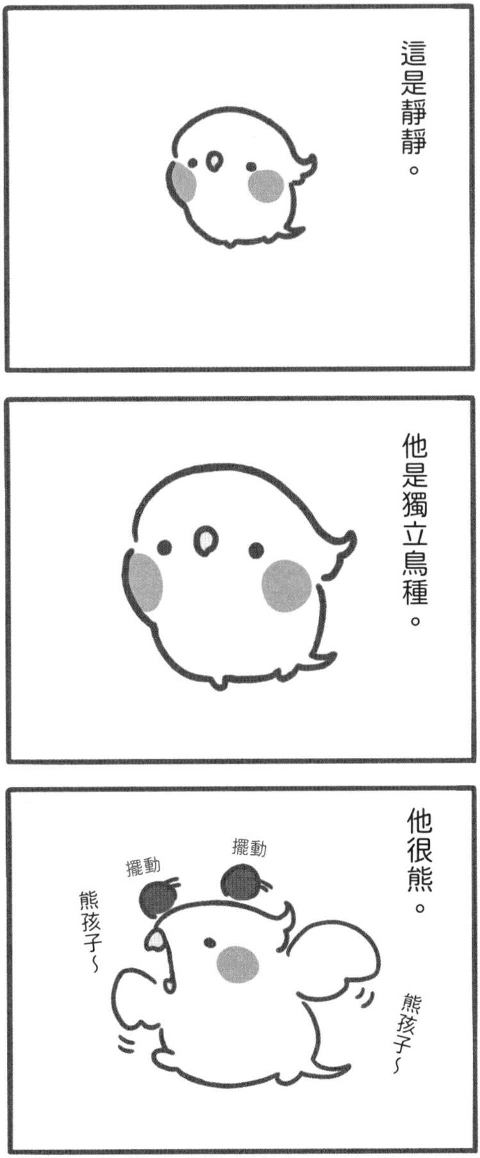
這是靜靜。
他是獨立鳥種。
他很熊。
擺動
擺動
熊孩子~
熊孩子~

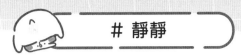

這隻鳥可以熊到
什麼地步呢？
他會把家裡所有東西
王者
HOME
都當成他的所有物。
凡是他看上的東西⋯⋯
盯

盯
靜靜怎麼了？
就一定要拿到！
我要我要！
吵鬧吵鬧～
使出渾身解數，也要達到目的。
靜靜～這個我要用不能給你啦！

如果眞的拿不下，
（戰五渣）
他就會…
＊靜靜！！！！！
（幫我搶！！！！！）
＊玄鳳叫聲
咻
咻
召喚小夥伴幫他搶。
＊小夥伴：Keroro

身為熊孩子王者，
他會出現在
任何地方。
*阿弟仔的書包
探頭

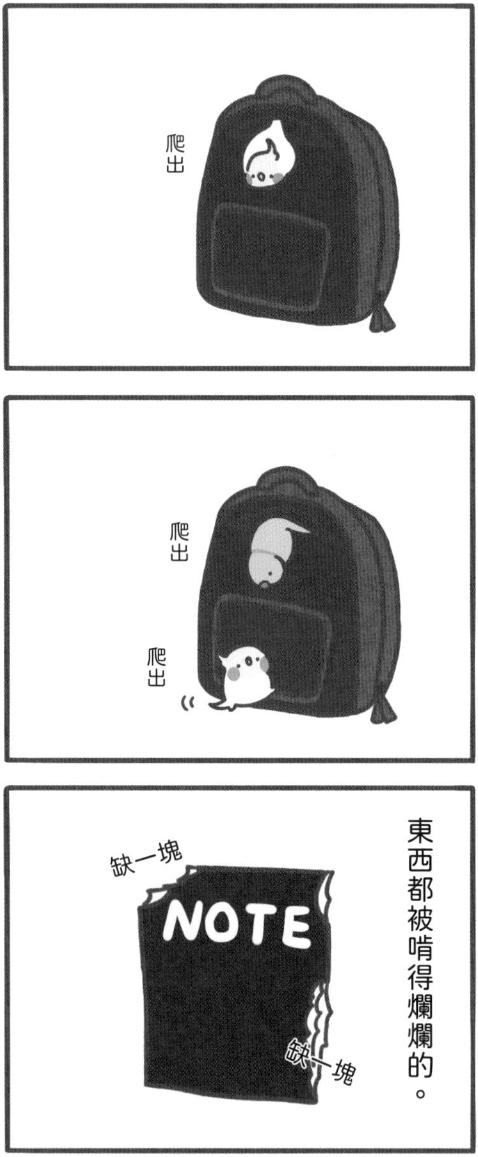
爬出
爬出
爬出
東西都被啃得爛爛的。
缺一塊
NOTE
缺一塊

因為這樣，
人類在實習時
的資料，
也慘遭過毒嘴……
對不起，
我的作業被鸚鵡吃掉了！
90度鞠躬
…
主管
這就是霸道又任性的——
小靜靜！

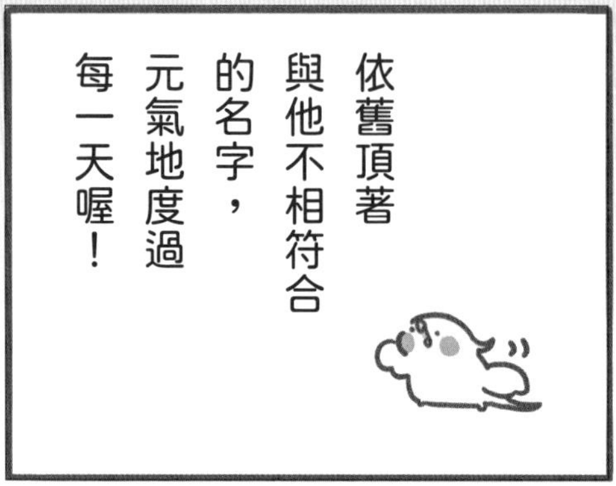
依舊頂著與他不相符合的名字，元氣地度過每一天喔！

那個還是我的
這個我的
召喚獸拿下！
召喚獸

Hero

這是Hero，
他是隻非洲灰鸚鵡。
他喜歡美女。
面對主人時——
安靜如雞
奶奶般的和煦微笑
不動如山
灰鸚鵡同色衣

面對美女時——
歡迎光臨～
美麗的店員姐姐～

狂叫
嘓
嘓
嘓
嘓
嘓
嘓
嘓
嘓
搖擺
搖擺
興奮

現在的鸚鵡眞是…
嘖嘖…
對呀，重色輕媽捏！
世風日下啊～～
畚圾鳥仔→

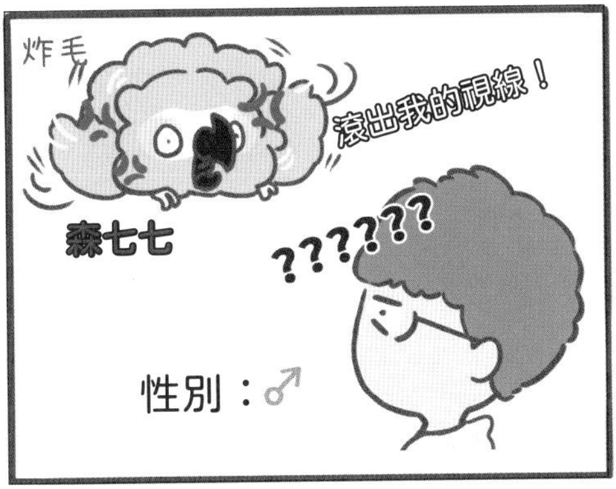
炸毛
滾出我的視線！
森七七
???????
性別：♂

♂

甘蔗

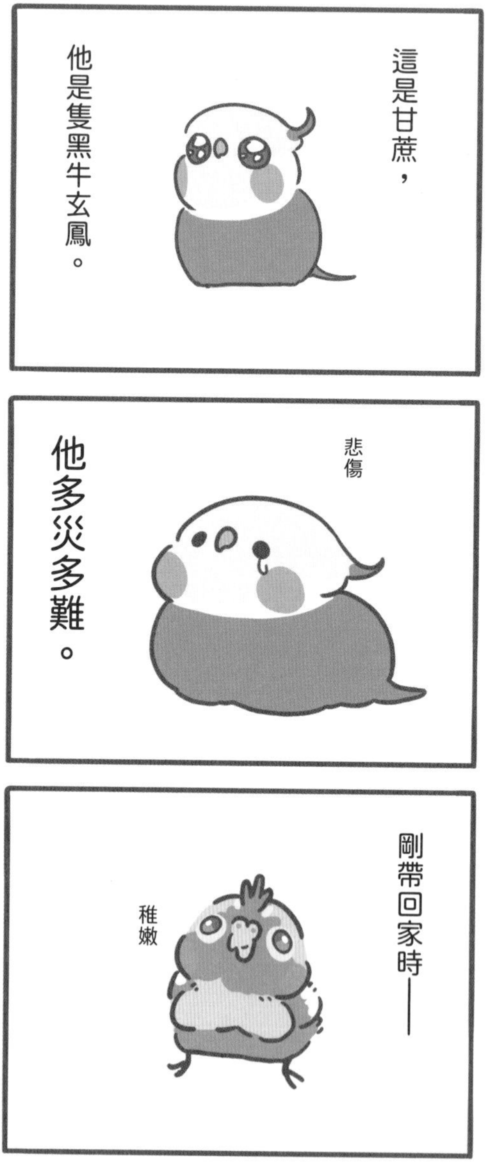
這是甘蔗，
他是隻黑牛玄鳳。
悲傷
他多災多難。
剛帶回家時——
稚嫩

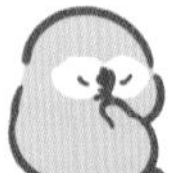

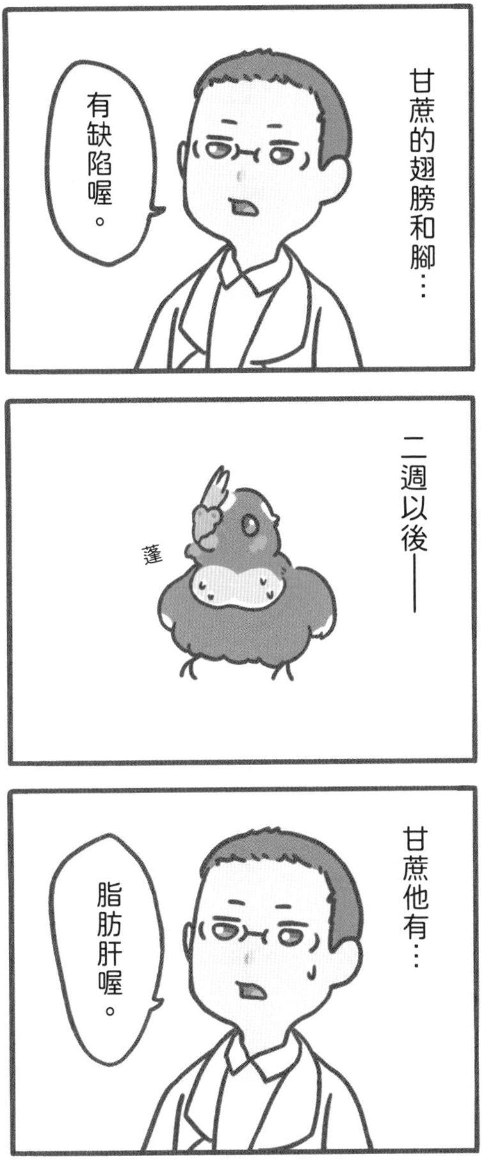
甘蔗的翅膀和腳……
有缺陷喔。
二週以後——
蓬
甘蔗他有……
脂肪肝喔。

＊獸醫師

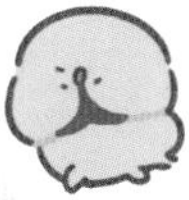

一個月後——
毛蹭蹭
甘蔗他…
把角膜抓傷了…
甘蔗看醫生的次數
可以讓醫生從
「這名字好有趣呀！」
到還沒推開診所門就聽到
「甘蔗請進！」…
悲傷

可能是因為
自小體弱多病，
所以養成了白蓮屬性。
他會很軟萌地給人類。
吸
嗯～很純！
這是策略
計畫通！

會很塞奶地鳴叫，
以獲取人類注意。
呀
計畫通！
這也是策略。
呀
由於骨架歪斜，
飛得不好，
所以喜歡黏在人類身上。

這不是策略。
（純粹是個鳥喜好）
基於以上特質，
家裡
沒有人
不愛他
增大
增大
*魔女的考驗片頭 BGM
盯～
受寵
受寵

總有一天
本灰鸚鵡一定……
盯～～
要手撕了那個
小·綠·茶
豎毛
死命盯～～
受寵吧！
生存吧！
小！甘！蔗！
咦？怎麼感覺背後涼涼的？
抖
抖

大堡礁

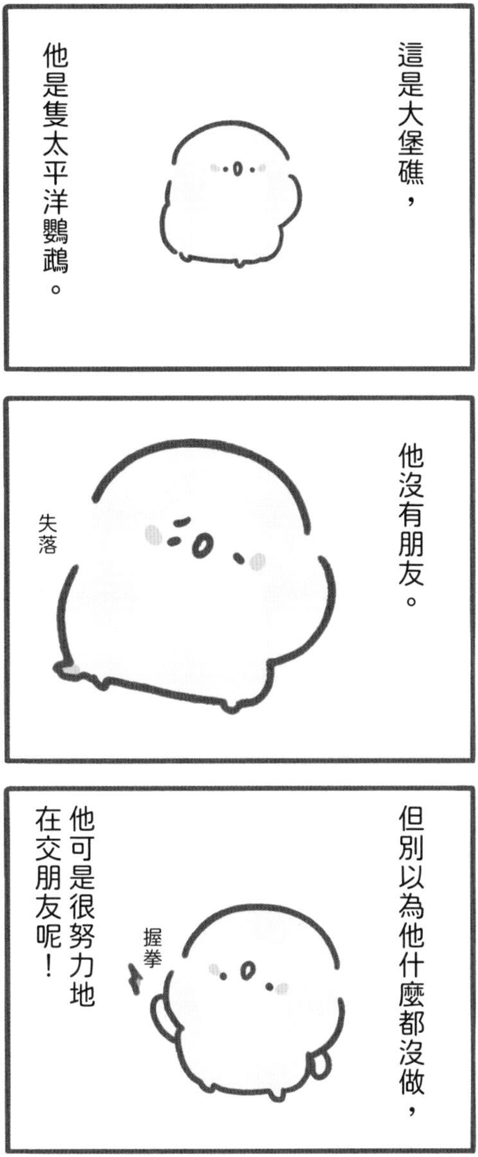
這是大堡礁，
他是隻太平洋鸚鵡。
他沒有朋友。
失落
但別以為他什麼都沒做，
握拳
他可是很努力地在交朋友呢！

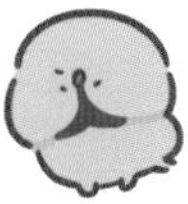

想交的朋友
哇喔～
未來的兄弟！
是時候展現
看家本領了！
握拳

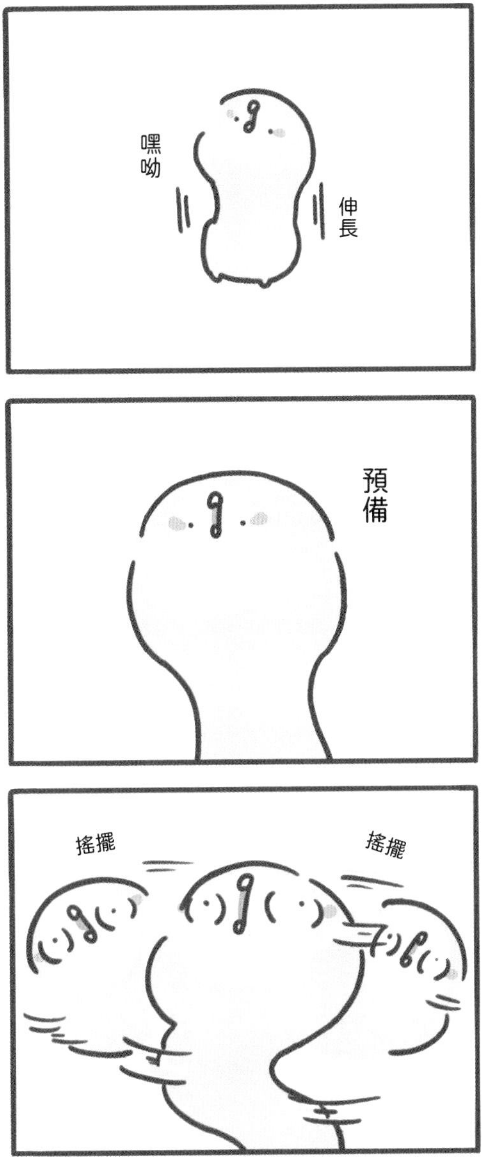
嘿呦
伸長
預備
搖擺
搖擺

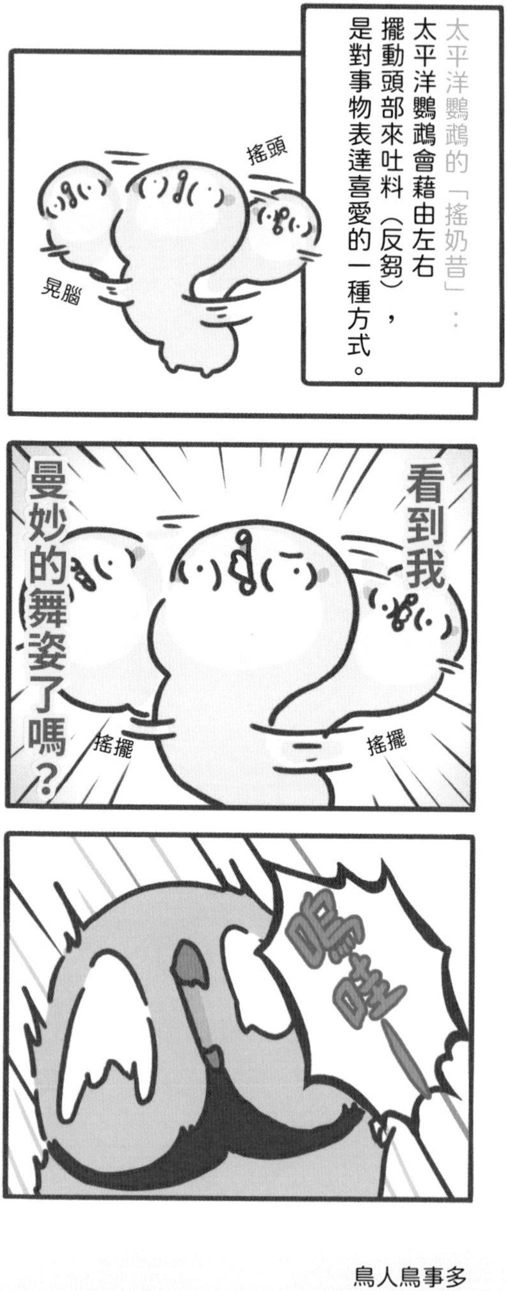
太平洋鸚鵡的「搖奶昔」：
太平洋鸚鵡會藉由左右
擺動頭部來吐料（反芻），
是對事物表達喜愛的一種方式。
搖頭
晃腦
看到我
曼妙的舞姿了嗎？
搖擺
搖擺
嗚哇

好可怕——……
搖擺
搖擺
逃走
…
……沒關係，
還有其他朋友候選呢！

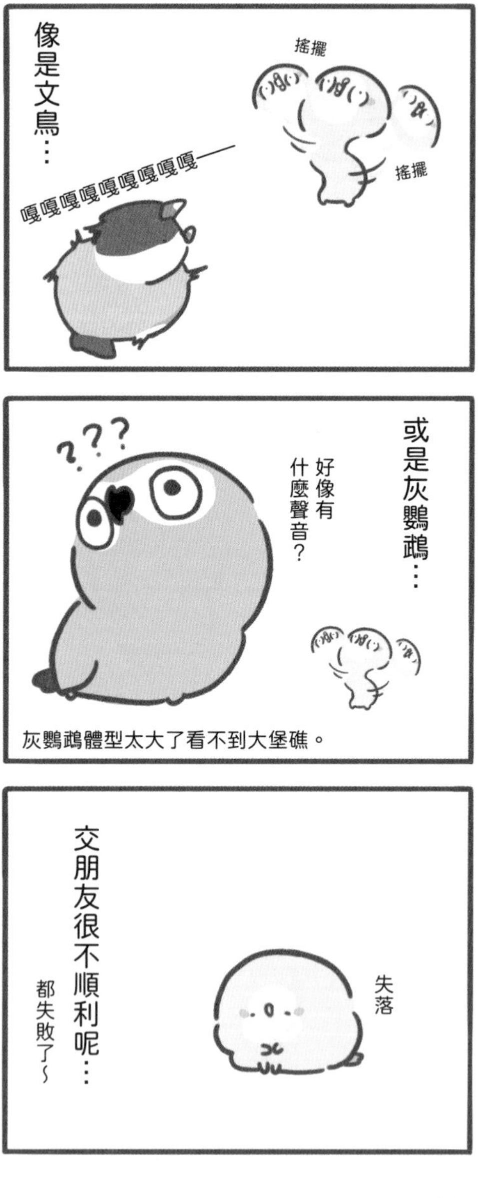
像是文鳥……
搖擺
搖擺
嘎嘎嘎嘎嘎嘎嘎嘎——
或是灰鸚鵡……
好像有什麼聲音？
???
灰鸚鵡體型太大了看不到大堡礁。
交朋友很不順利呢……
都失敗了～
失落

*有體型差的鳥寶互動要保持安全距離呦！

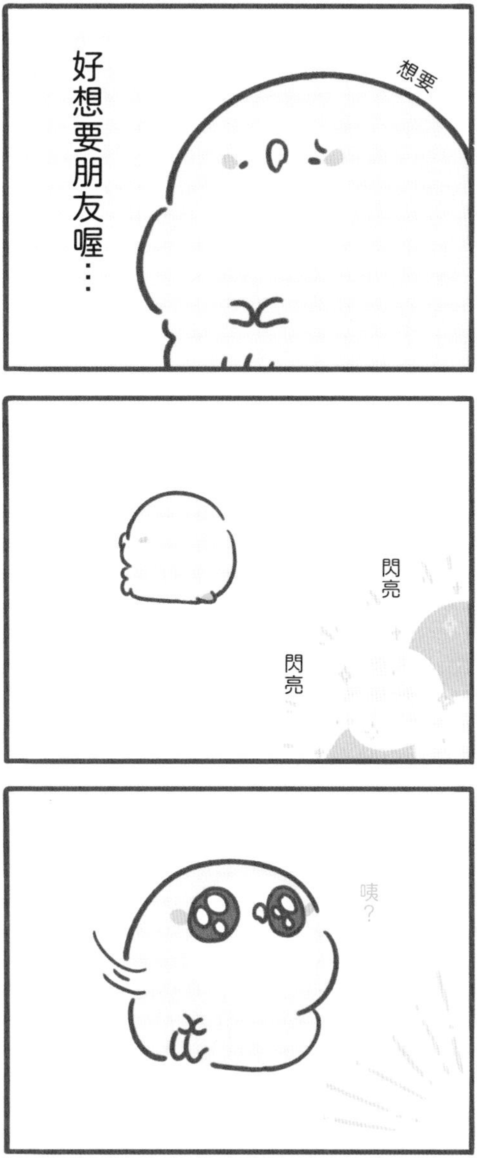
好想要朋友喔…
想要
閃亮
閃亮
咦？

＊彈舌為鸚鵡的友誼訊號。

坐回來
呼～
終於滾了！
唉～
怎麼都……
沒有朋友呢？
好寂寞……
即使今天失敗了，
但明天小小太平洋還是
會繼續努力交朋友的！
太平洋！
加油！
好悲傷……

岸礁、環礁

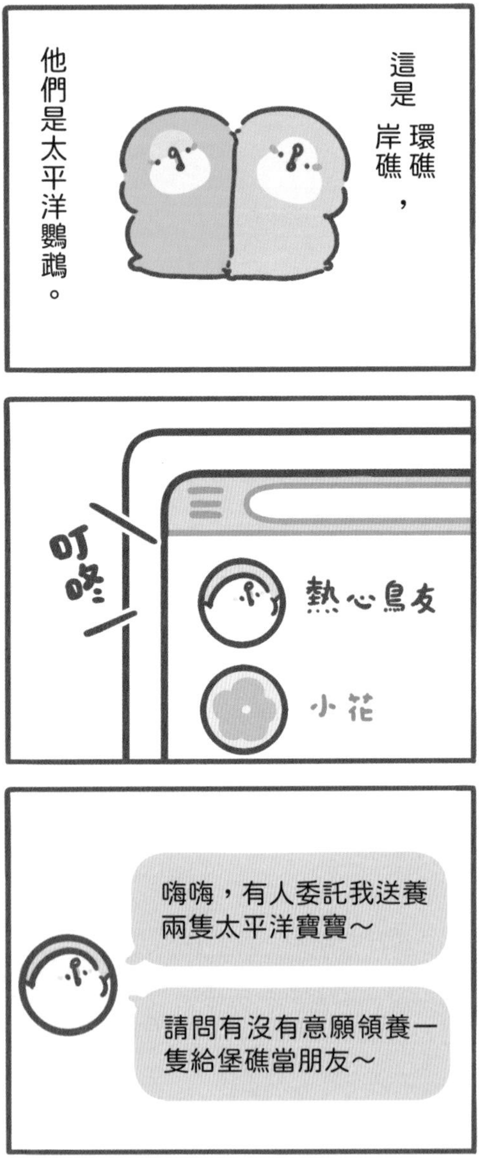
這是環礁，岸礁，
他們是太平洋鸚鵡。
叮咚
熱心鳥友
小花
嗨嗨，有人委託我送養兩隻太平洋寶寶～
請問有沒有意願領養一隻給堡礁當朋友～

小朋友有歪頭的狀況，不過自己進食是沒有問題的～
頭歪歪
好奇怪
在忙
堡礁想要弟弟嗎？
想要是嗎？好喔！
+1
太平洋寶寶加一。

快到接寶寶的日子…
Dec
不好意思！！！！！
想請問能不能一起
領養另一個孩子？
欸欸欸欸！！！？
捲起來
那個…
堡礁還想要
弟弟嗎？

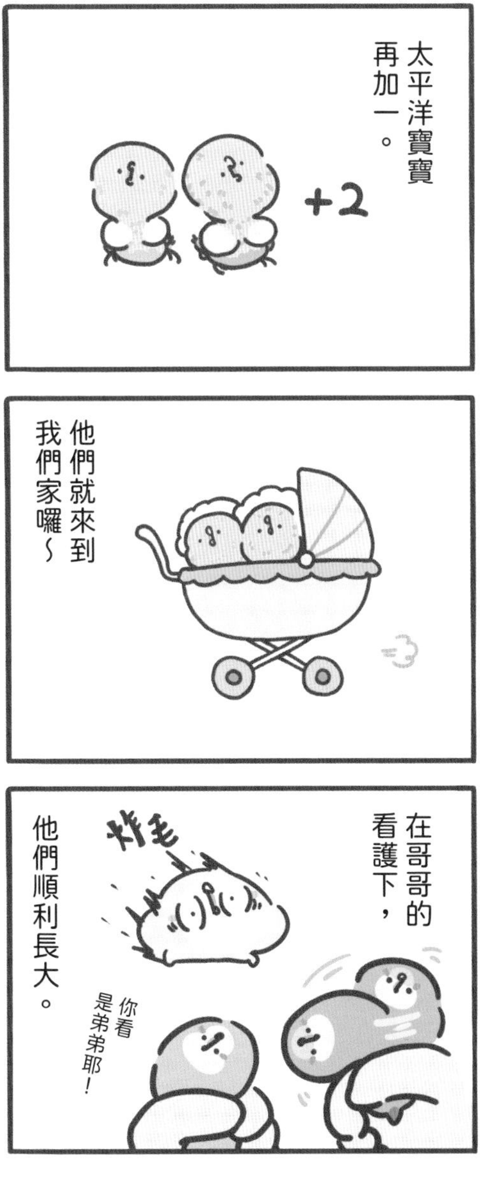
太平洋寶寶再加一。
+2
他們就來到我們家囉～
在哥哥的看護下，
炸毛
你看是弟弟耶！
他們順利長大。

頭頂綠油油的
是岸礁。
咿呀～
走路搖搖擺擺的
是環礁。
咿呀～
他們有個
咿呀～
咿呀～
很厲害的技能喔！

向後彎
向前彎
他們頭可以
旋轉180°
整個彎下來！
嘿嘿
嘿嘿
有時候還能這樣跑步喔！
頭、頭啊！
噠噠噠
噠噠噠

由於基因缺陷，
他們的平衡感
不太好。

也沒辦法飛行……
啊哈

所以放風時
須待在柔軟
的地方，
←柔軟
快掉囉！
也要有人看顧。

這就是可愛的
咿呀～
咿呀～
太平洋兄弟呦！

唐僧肉

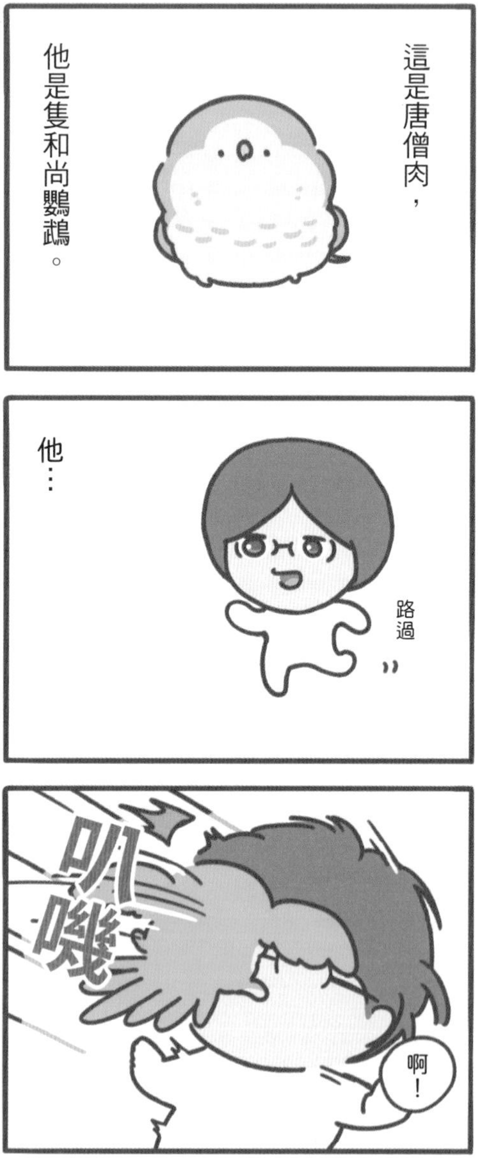
這是唐僧肉，
他是隻和尚鸚鵡。
他⋯
路過
叭嘰
啊！

扭動
扭動
肉肉，下來…
非常黏人。

我感覺…

人類在想我了！
唐僧肉的日常——

肉肉乖~自己玩一下喔！
放下
不可以跟過來呦！
呆——

3秒後
飛撲
以上過程無限循環。

瞬間膠一樣的小鳥
和尚鸚鵡——唐僧肉。
肉肉牌三秒膠
特色：
1呆萌
2黏呼呼
3很吵
肉肉下來…
肉牌
瞬間膠

人類
快遲到了

紅蟳米糕

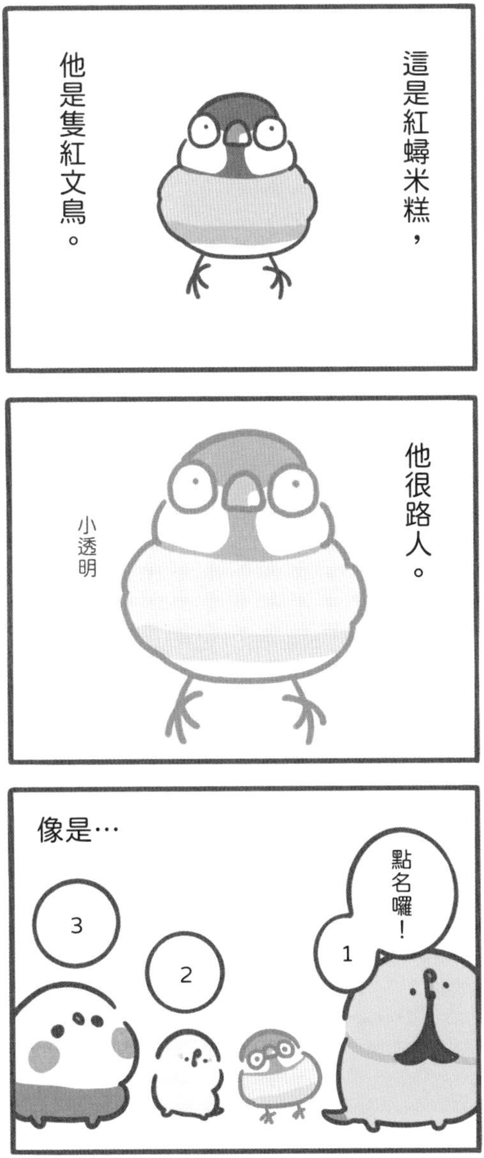
這是紅蟳米糕，
他是隻紅文鳥。
他很路人。
小透明
像是…
點名囉！
1
2
3

奇怪…
怎麼數來數去
都少一隻？
眼巴巴望著
沒錯！
隱形
他就是如此路人。
因此，他
也獲得了
「嚕嚕米」
之稱。
*某種神祕小精靈

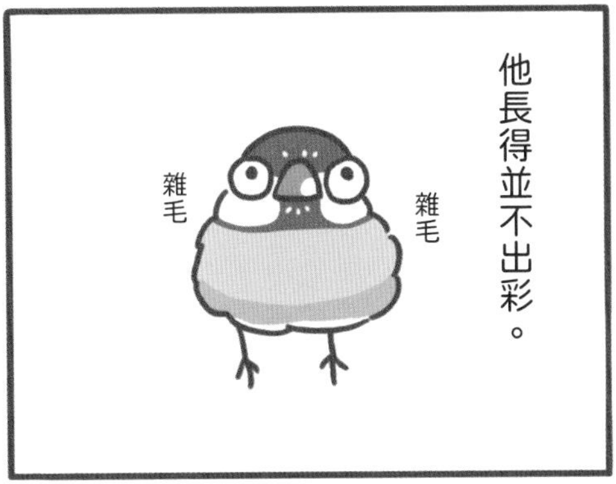
他長得並不出彩。
雜毛
雜毛

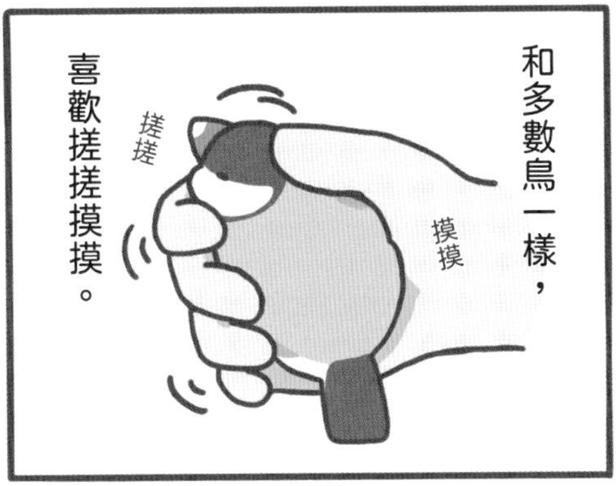
和多數鳥一樣，
喜歡搓搓摸摸。
摸摸
搓搓

也像其他鳥一樣，
有時給抓，
盯

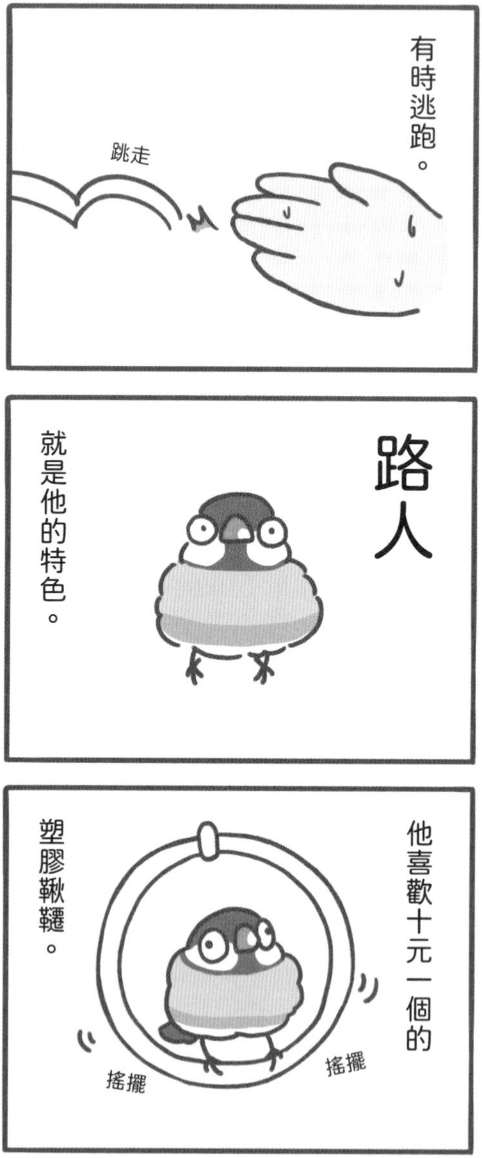
有時逃跑。
跳走
路人
就是他的特色。
他喜歡十元一個的
塑膠鞦韆。
搖擺
搖擺

但鞦韆常常被其他鳥鳥弄掉。
他就會悲傷地盯著看——
嗚嗚～
好幾個小時。
米糕？你待在那多久啦？
鞦韆掉了嗎？幫你裝回去鵪～不哭不哭！

像其他文鳥一樣打打架、
狂踩
狂踩
狂踩
看我的佛山無影腳!!!
唱唱歌、
跳跳舞。
蹦跳

這樣平凡的小鳥
就是小小米糕。
超讚！
靜靜～
給我放下!!!
逃走～

今天也是好日子呢！

秋刀魚

他呆呆的。
…
不知道是不是因為
叫秋刀魚的關係，

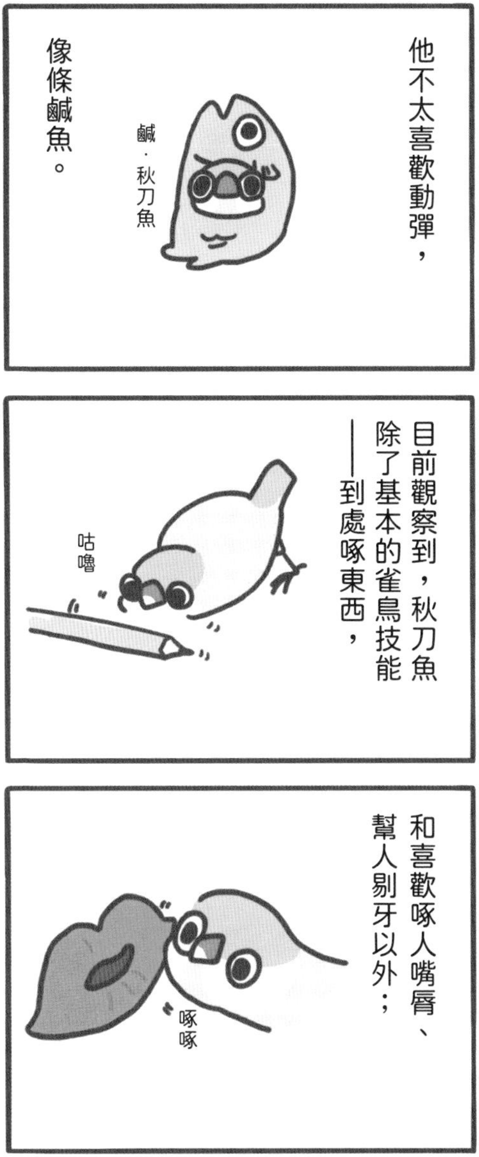
他不太喜歡動彈，
鹹・秋刀魚
像條鹹魚。
目前觀察到，秋刀魚
除了基本的雀鳥技能
——到處啄東西，
咕嚕
和喜歡啄人嘴唇、
幫人剔牙以外；
啄啄

＊由於接觸人類口水對鳥實有風險，所以其實不推薦剔牙的互動呦！

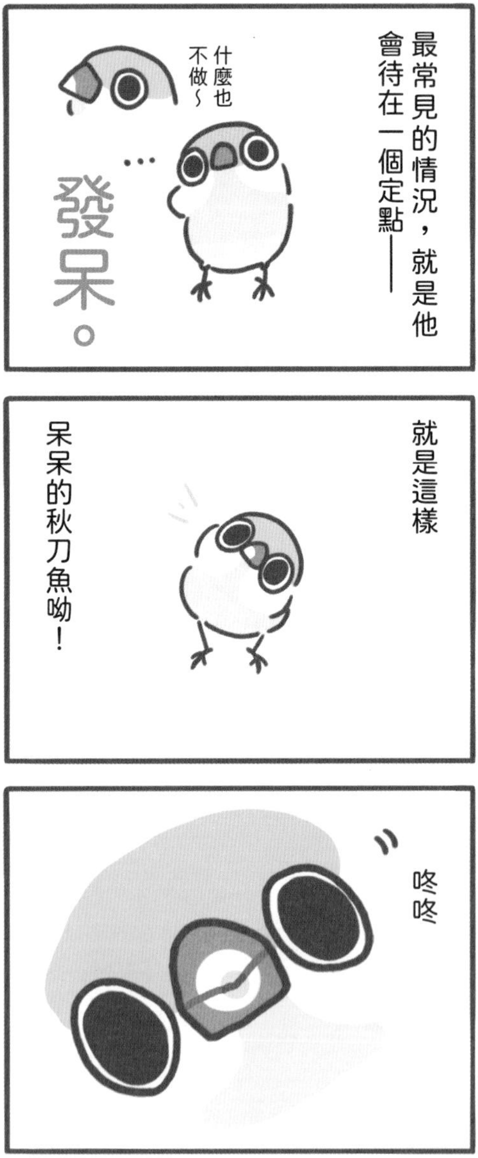
最常見的情況，就是他
會待在一個定點——
什麼也
不做～
…
發呆。
就是這樣
呆呆的秋刀魚呦！
咚咚

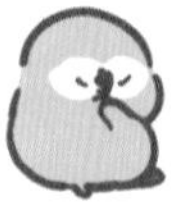

剛養鳥
美美der
給你們
拍漂漂～
現在
挖鼻孔
噗噗
巴康讚啦！

鳥事發生沒關係，
萌混過關就可以！

so good

Part 2

小鳥生活

換水

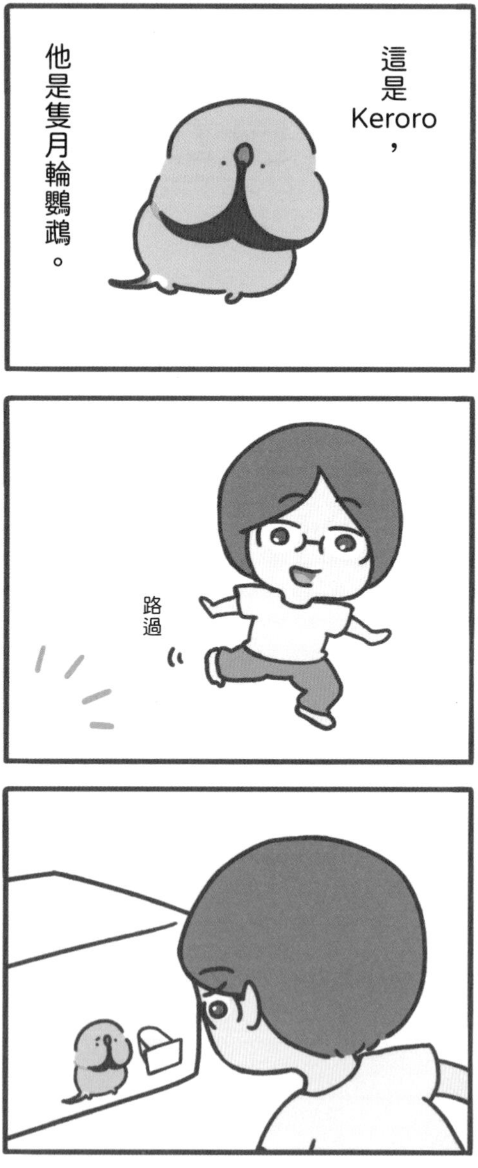
這是Keroro，
他是隻月輪鸚鵡。
路過

蹲下
賽

嗚……
悲傷

抬腳

低頭

作勢要喝

我要喝囉
緩緩貼近
這個髒髒不能喝喔！
拿走
好了！乾淨啦！
乾淨

吖~~~
開心
吖!
(你可以滾了!)
嘖!過河拆橋的傢伙。
喝爽爽

吃菜菜

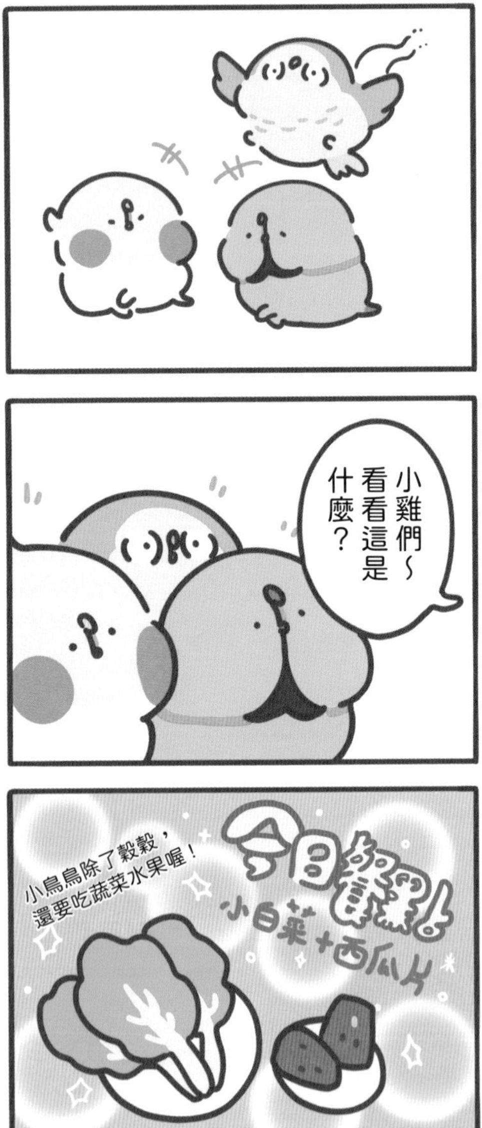
小雞們～
看看這是什麼？
小鳥鳥除了穀穀，
還要吃蔬菜水果喔！
今日餐點
小白菜+西瓜片

哇
哇
看起來很好吃吧！那我們回家吃菜囉～
不要～
…
回家了
討厭…小氣鬼！哼哼哼…

算了
先吃菜吧！
扒拉扒拉
嚼嚼—
脆脆香香的~
好好吃喔！

不過…
嘴裡沙沙的。
＊菜汁
甩頭
甩頭
呼呼～
清爽多了！

來吃點水果吧～
吸溜～～…
甜甜的，超好吃的啦！

甩頭
甩頭
吃飽了。

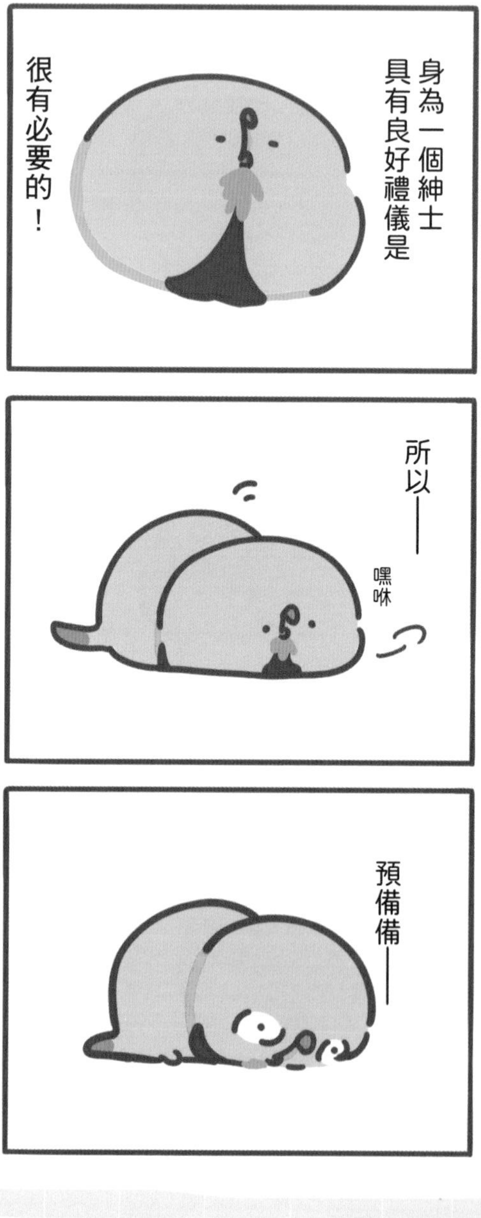
身為一個紳士
具有良好禮儀是
很有必要的！
所以——
嘿咻
預備備——

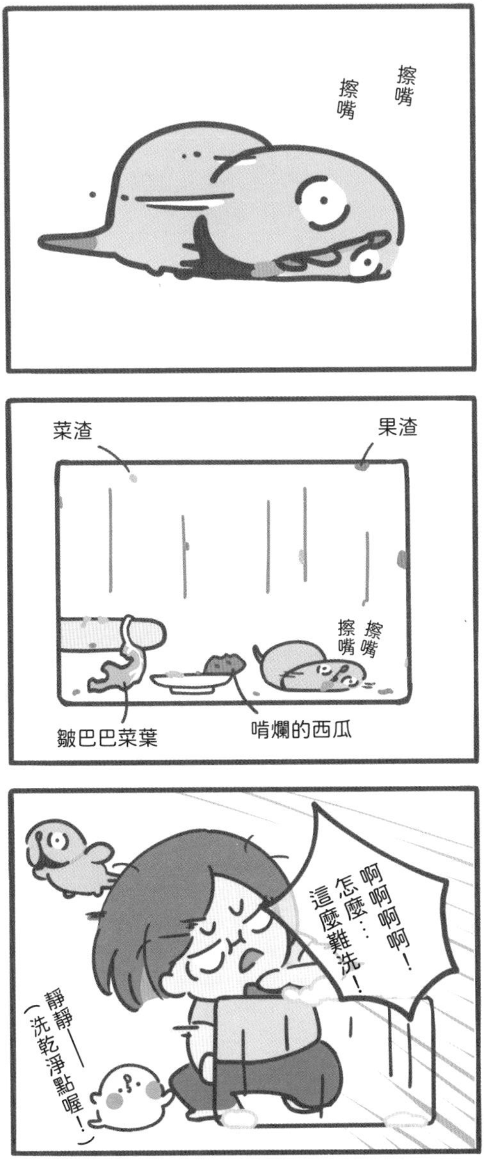
擦嘴
擦嘴
菜渣
果渣
擦嘴
擦嘴
皺巴巴菜葉
啃爛的西瓜
啊啊啊啊！
怎麼……
這麼難洗！
靜靜——
（洗乾淨點喔！）

吃頭毛

這是靜靜，
他是隻黃化玄鳳。
常常會看到靜靜
在修理哥哥。
嘎!!!
吖吖
但有時候原因
是你呦是你呦~
什麼?
是出在哥哥身上。

…
往上看
盯——

奇怪…
晃動
晃動
是錯覺呢…
繼續吃吧！
嚼嚼
嚼嚼

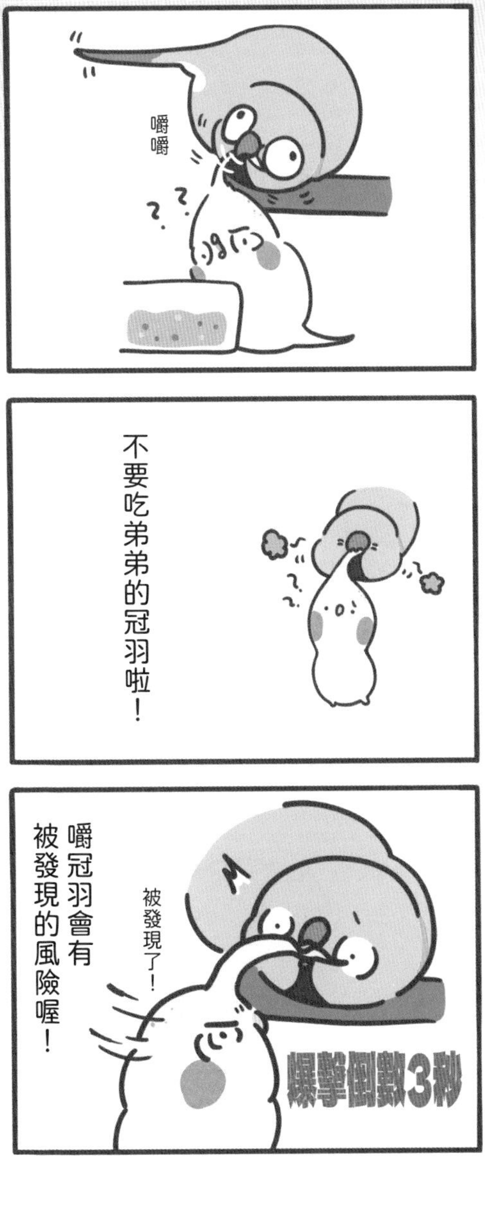
嚼嚼
不要吃弟弟的冠羽啦！
嚼冠羽會有被發現的風險喔！
被發現了！
爆擊倒數3秒

吵吵

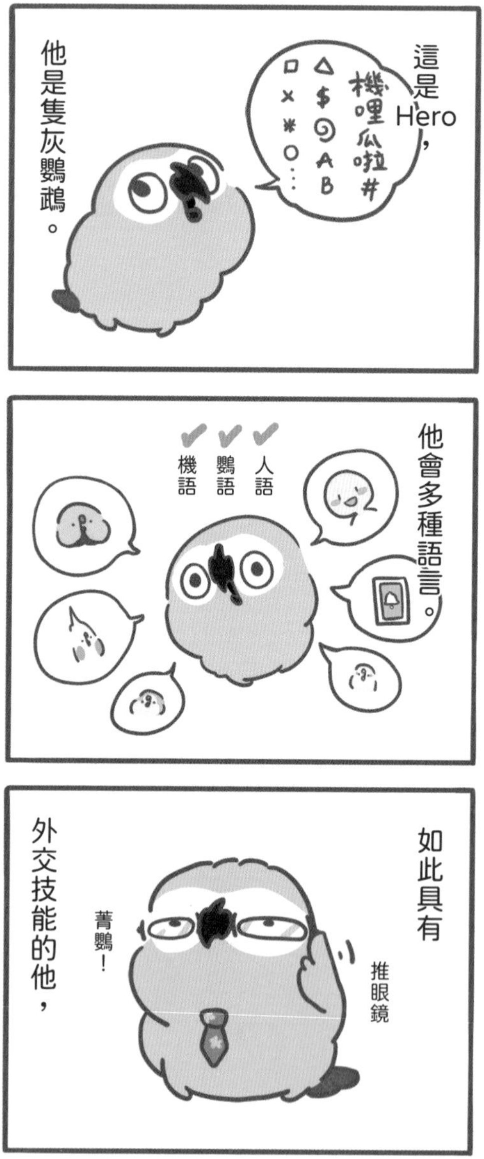

這是Hero，
機哩瓜啦#
△$◎AB
□×*○……
他是隻灰鸚鵡。
他會多種語言。
人語
鸚語
機語
如此具有
推眼鏡
菁鸚！
外交技能的他，

常常會幹些調皮事。
嘿嘿～
好無聊喔……
無聊…

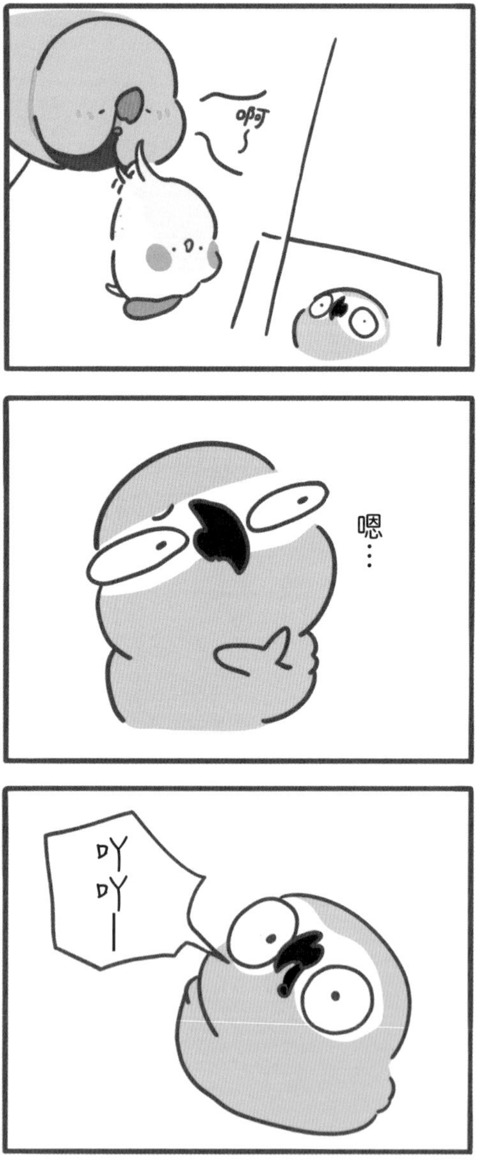
啊～
嗯⋯⋯
ㄉㄚㄉㄚ—

??
吖吖—
（怎麼了？）
吖吖～～～～

生氣
ㄇㄚㄇㄚ！（不要學我！）
吵耶
吵耶
ㄇㄚㄇㄚ——（是他學我！）

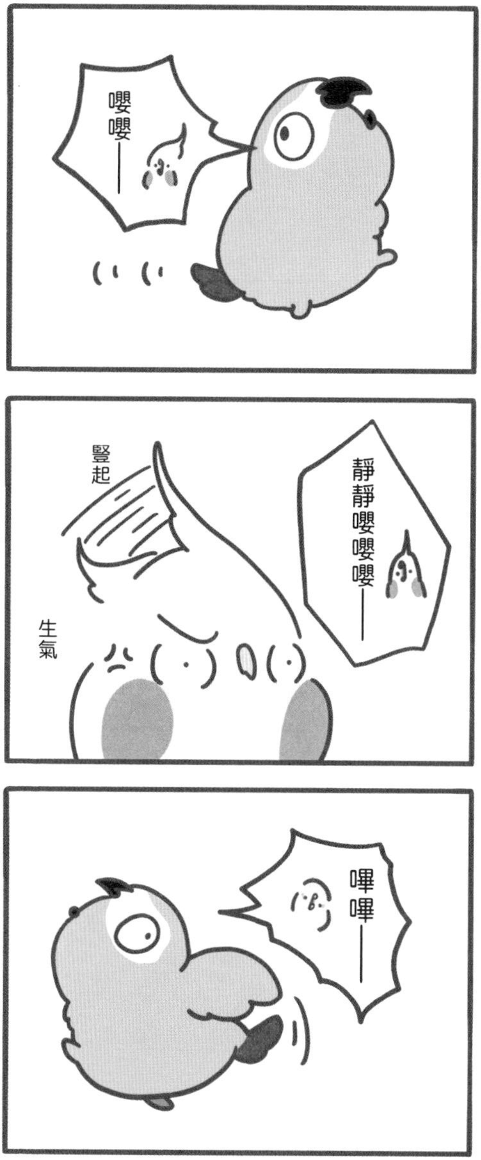
嚶嚶——
靜靜嚶嚶嚶——
豎起
生氣
嗶嗶——

嗶嗶——
嚶嚶——
嘰嘰喳喳
吵耶
好吵吵
吵耶
抗議中
吖——

理智線

吖—
嘎—
嘎嘎
嘎嘎
嘎嘎

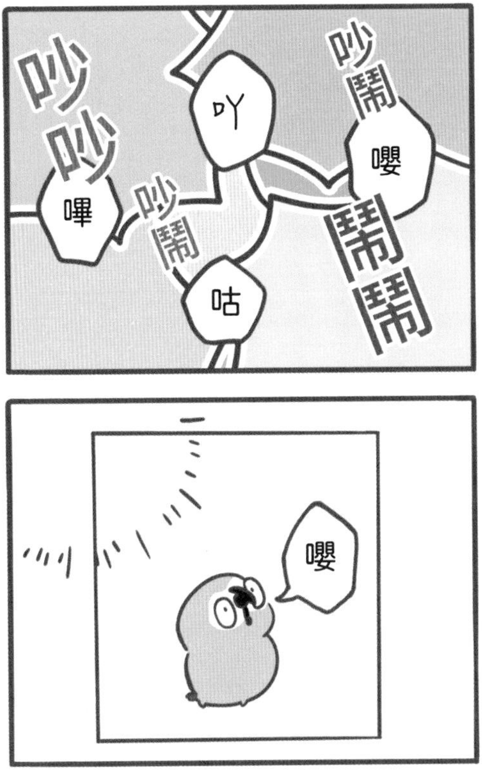
吵吵
嗶
吵鬧
吖
咕
吵鬧
嚶
鬧鬧
嚶
嗶

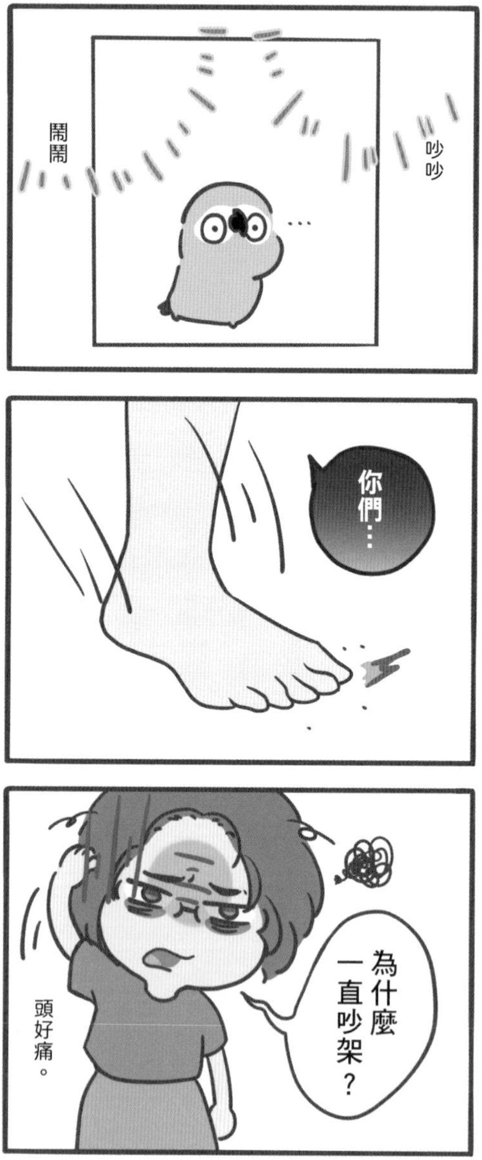
吵吵
鬧鬧
…
你們…
為什麼一直吵架？
頭好痛。

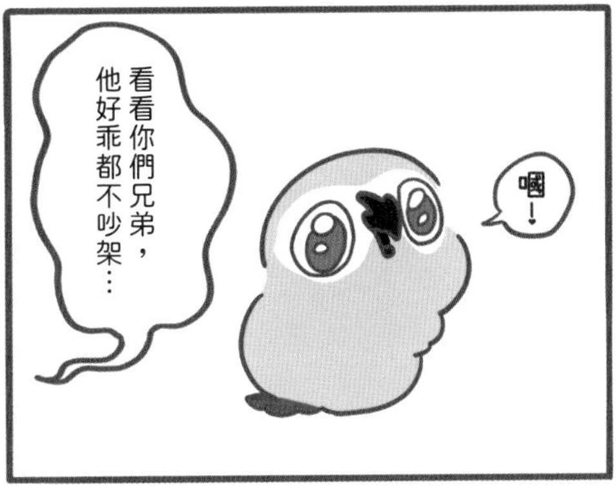
嗯！
看看你們兄弟，
他好乖都不吵架…

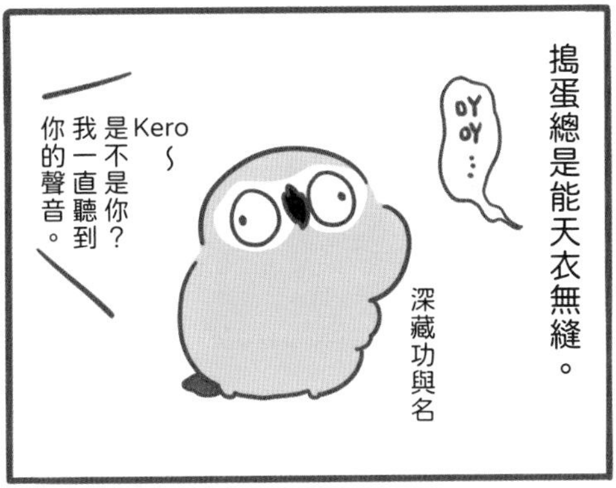
搗蛋總是能天衣無縫。
OY OY…
深藏功與名
Kero～
是不是你？
我一直聽到
你的聲音。

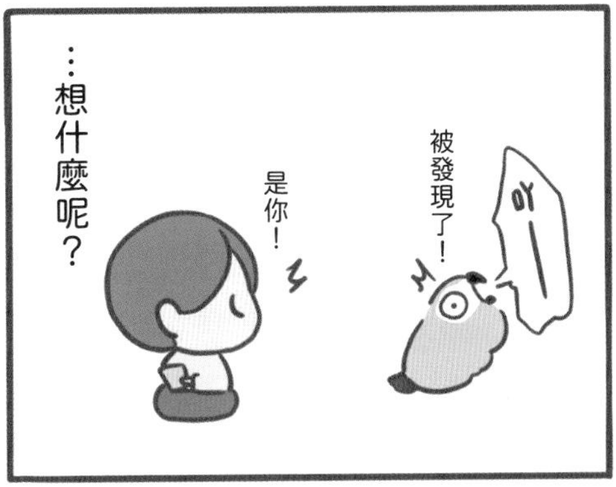
OY—
被發現了！
是你！
…想什麼呢？

好懶喔

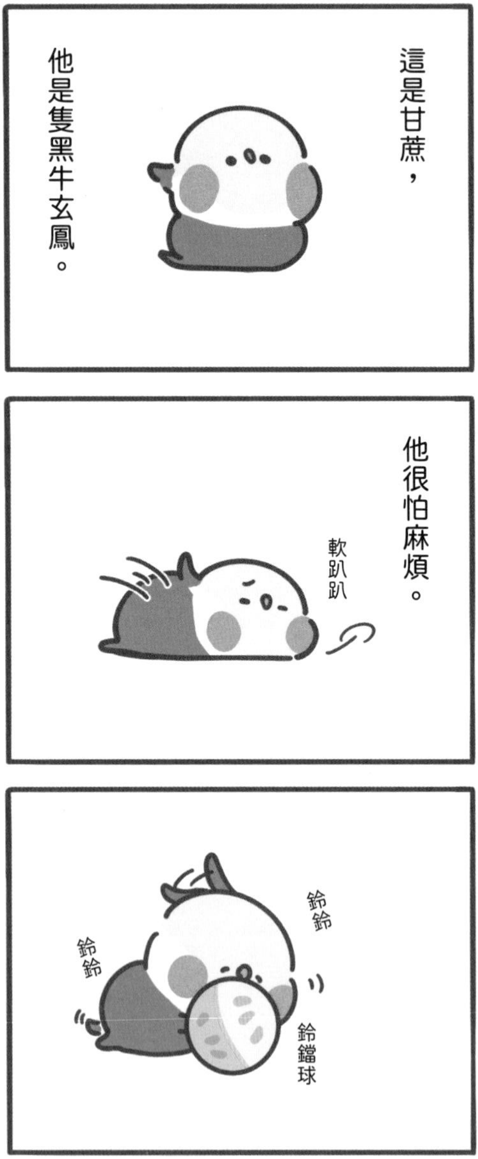
這是甘蔗，
他是隻黑牛玄鳳。
他很怕麻煩。
軟趴趴
鈴鈴
鈴鈴
鈴鐺球

推出去
拉回來
推出去

啊！
滾滾

用力~
更用力！
眞的，
太遠了！

像在銀河的彼端那麼遙遠，
又像是在懸崖另一端遙不可及。
把球撿回來這件事——
我…
真的…做得到嗎？

他花了很長的時間考慮是否要放棄那顆球。
目擊者
快撿回來呀~
快看啊！他想放棄了！
...
快撿啦！不到五公分欸！
最後還是撿回來玩了。
鈴鈴
鈴鈴

＃ 健康檢查

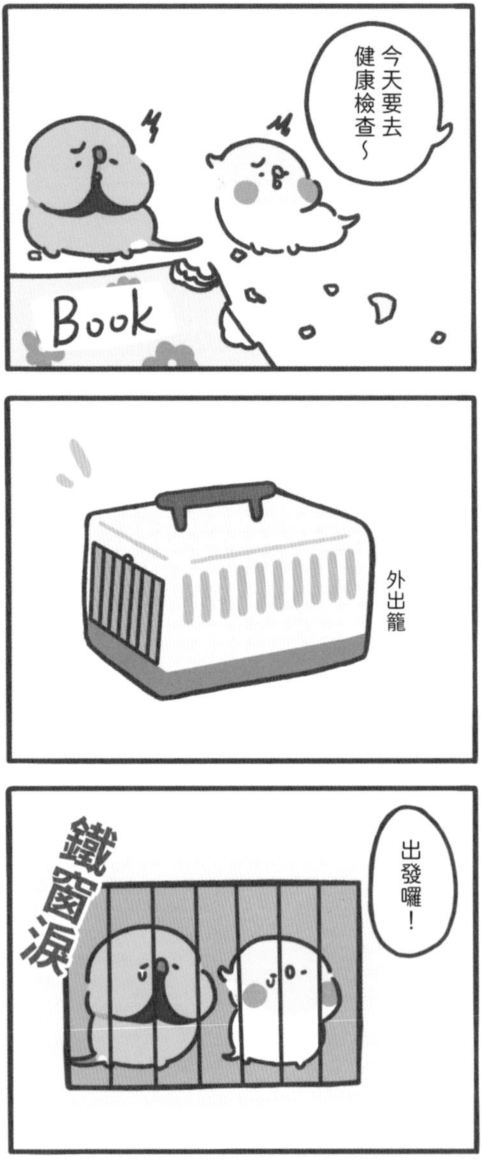

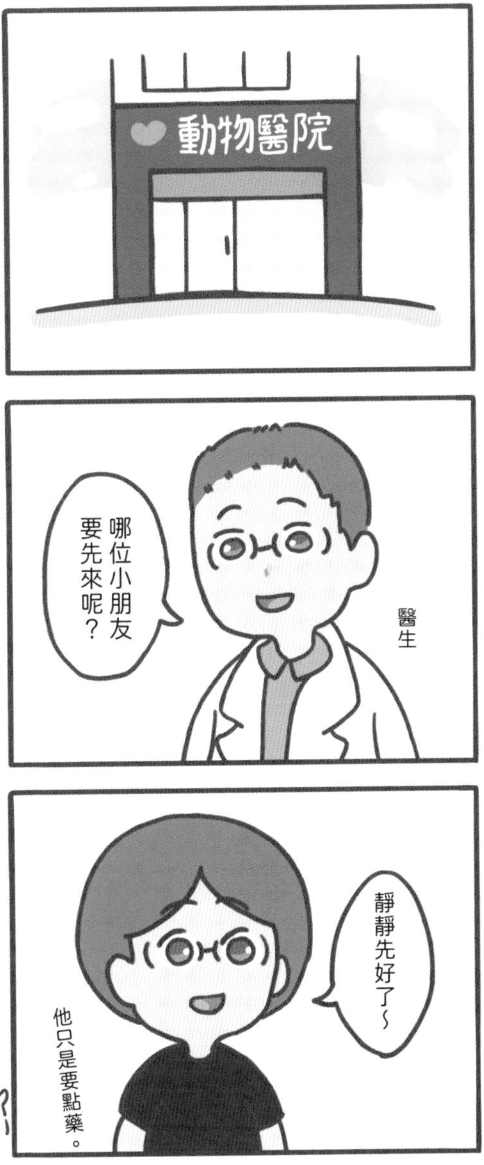
動物醫院
哪位小朋友要先來呢？
醫生
靜靜先好了～
他只是要點藥。

*體外驅蟲藥

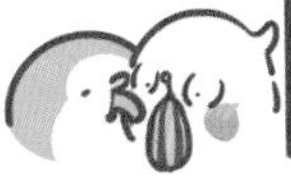

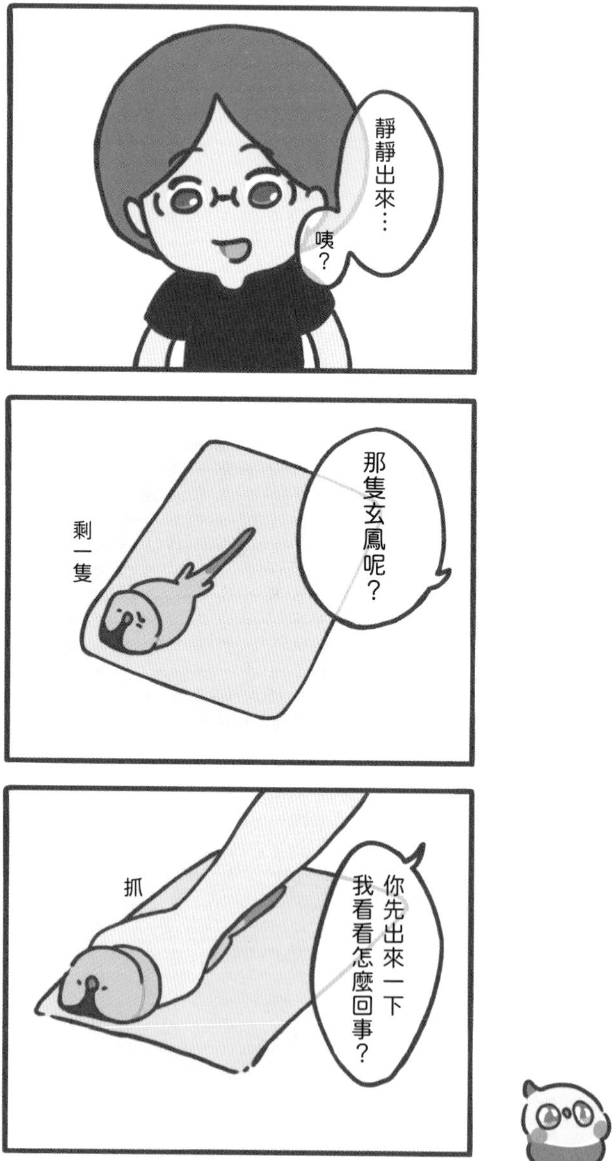
靜靜出來…
咦？
那隻玄鳳呢？
剩一隻
你先出來一下
我看看怎麼回事？
抓

出現了！
啊！
想知道剛剛靜靜是怎麼消失的嗎？
欸嘿～
第一步：瘋狂擠壓自己的朋友，請好朋友讓出空間。
一直擠
ㄖㄚ ㄖㄚ…

第二步：設法擠到好朋友的肚肚底下，將自己藏起來。
吖吖～
換角度
看不到了！
你先檢查好了！
不～
第三步：讓好朋友實現鳥生價值。

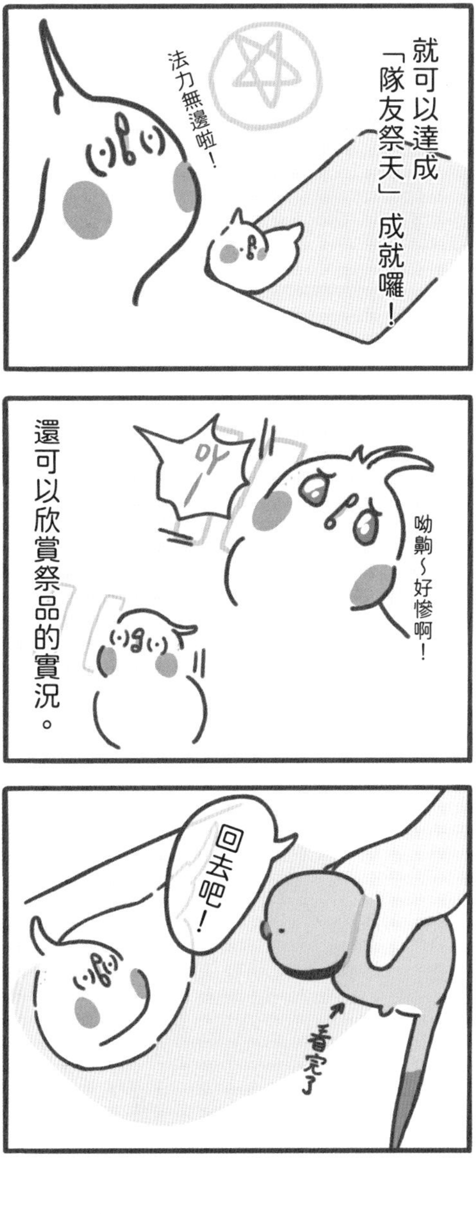
就可以達成「隊友祭天」成就囉！
法力無邊啦！
吆齁～好慘啊！
還可以欣賞祭品的實況。
回去吧！
看完了

抓
換你囉~
嚶—

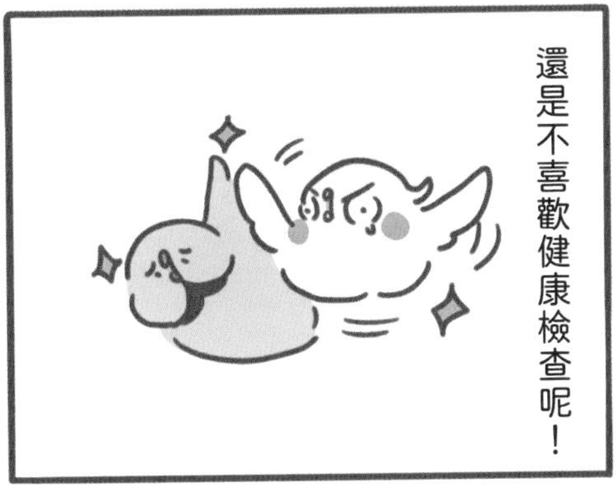
還是不喜歡健康檢查呢！

隊友祭天
法力無邊！

跌倒就跌倒，
乾脆睡個飽！

Love

Part 3

小鳥與人類

毛蓬蓬

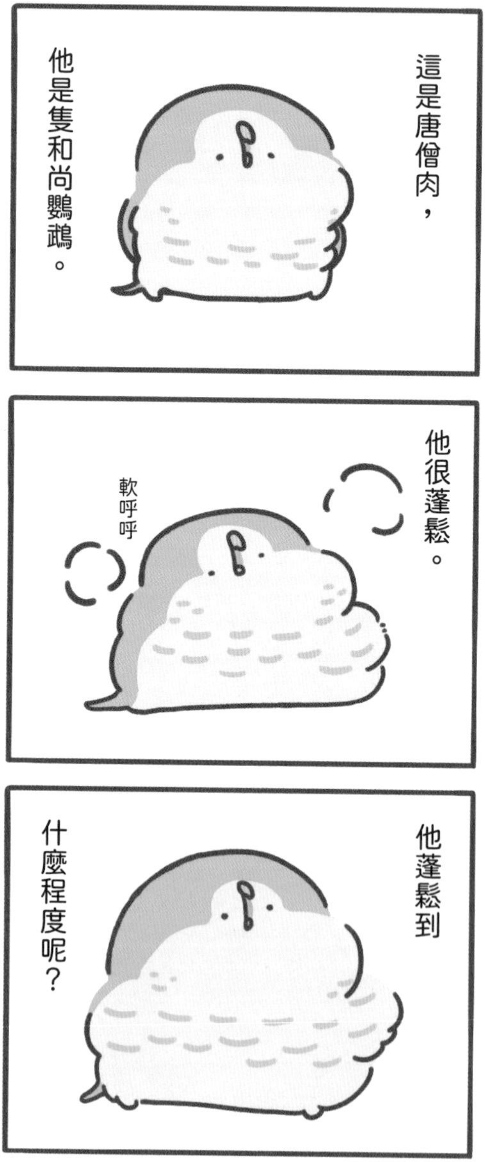
這是唐僧肉，
他是隻和尚鸚鵡。
他很蓬鬆。
軟呼呼
他蓬鬆到
什麼程度呢？

來測試看看吧！
食指
戳
陷入

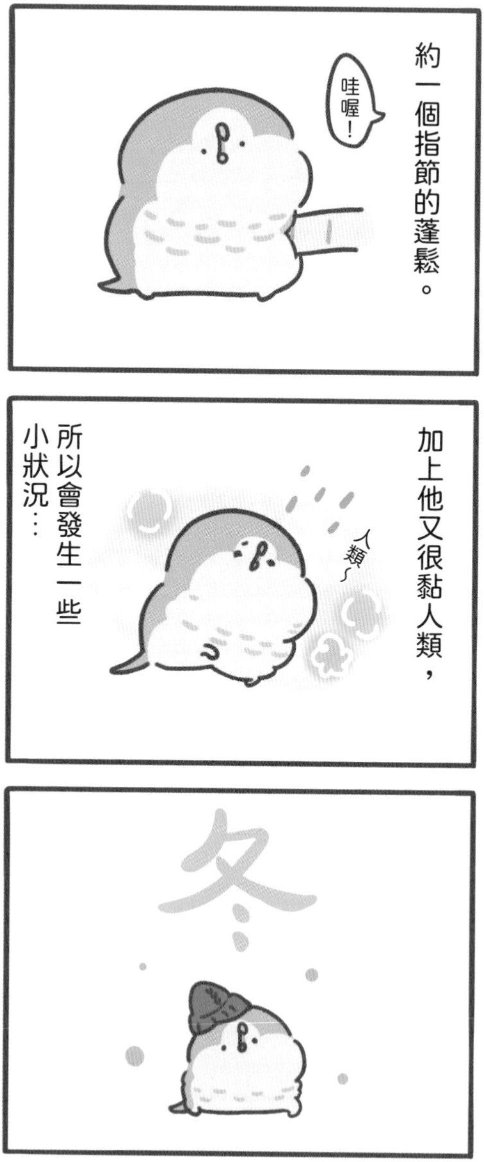
約一個指節的蓬鬆。
哇喔！
加上他又很黏人類，
人類～
所以會發生一些小狀況⋯
冬

啊啊啊啊啊～
超軟還暖呼呼的～
暖
fufufu
夏

人類～
熱到翻過去。
好熱……
人類～起來玩嘛～
他是冬天的好朋友，
嘿嘿～
夏天的殺手喔！

不識自己毛

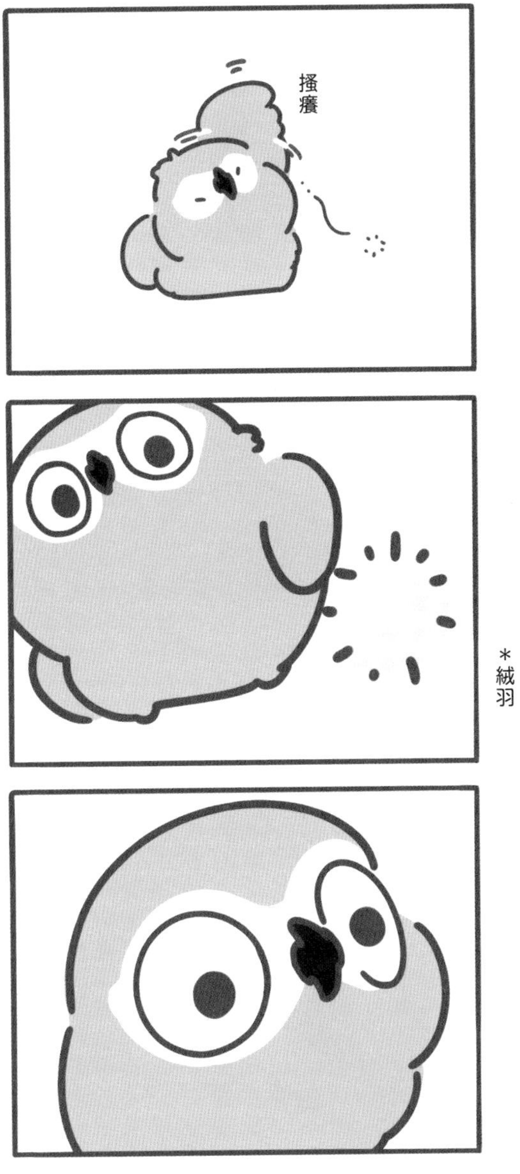

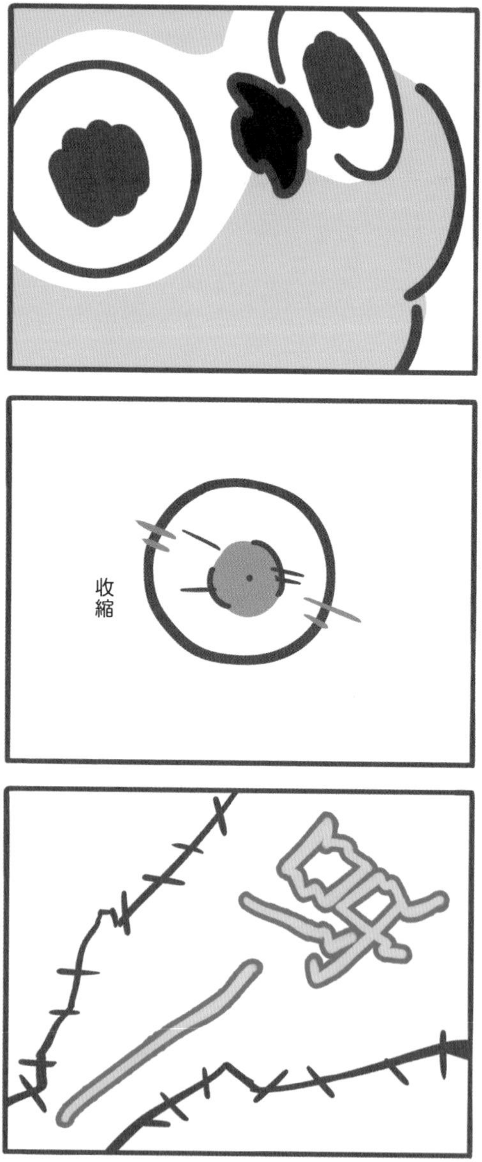
收縮

呀
轉頭
呀~
Hero怎麼了？
閃尿尿
啊啊！好可憐！

嗚嗚……
嗚哇哇～
沒事喔！
沒事喔！
我看看…
低頭

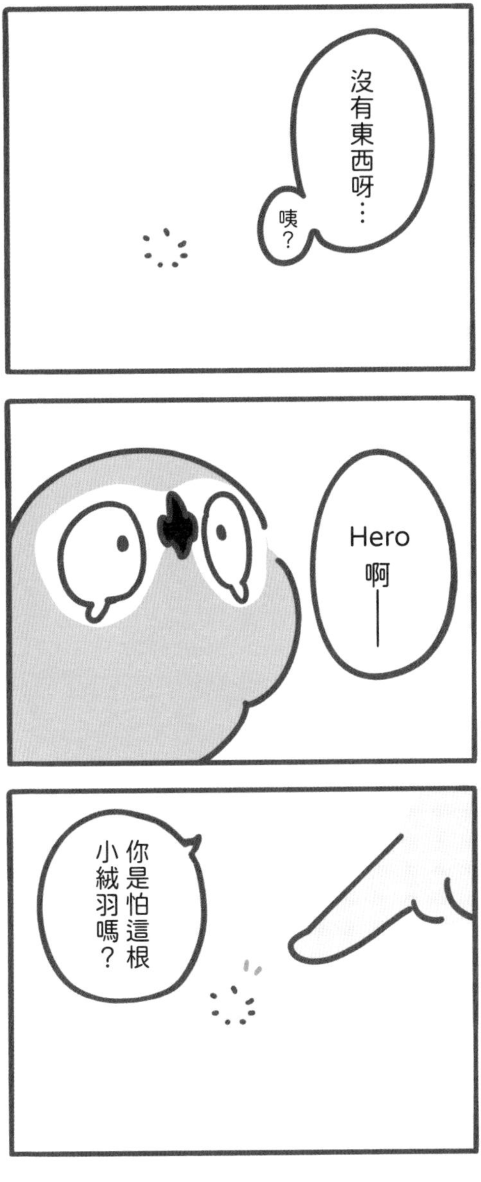
沒有東西呀…
咦？
Hero啊——
你是怕這根小絨羽嗎？

嗯嗯！
好可怕～
好可怕～
...
眞是太可憐了～
惜惜喔～
有沒有搞錯？
那毛不是他身上的嗎？
這兩個到底有什麼毛病？

換羽季時
叫聲會變多喔！

照相忍者

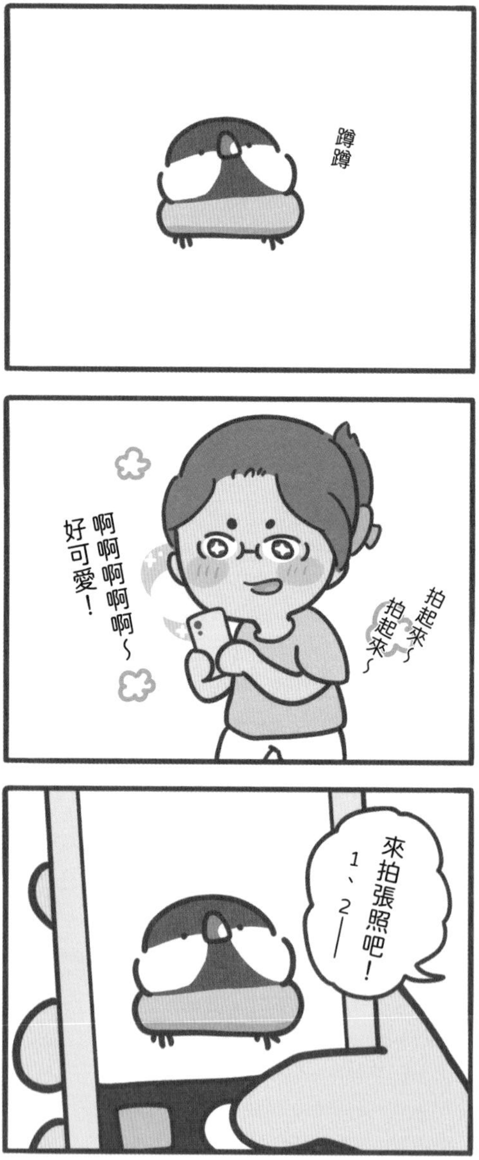
蹲蹲
啊啊啊啊啊～好可愛！
拍起來～拍起來～
來拍張照吧！1、2——

啪
不見了
咦？
還在
去哪了？
歪頭
歪頭

再來一次！
對準～
按下去
咦咦？
還是空的

奇怪⋯
更歪
更歪

再來一次

X2倍速
調好
拍照
我看看⋯

停住
向上看

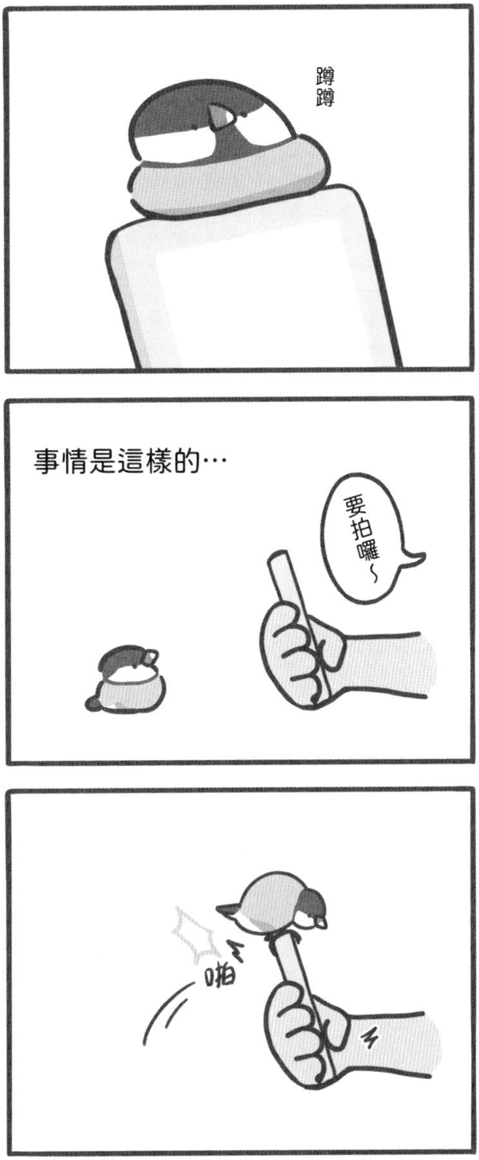
蹲蹲
事情是這樣的…
要拍囉～
啪

我看看⋯
跳
？
移開
就跟忍者一樣呢！

另一種糊法：

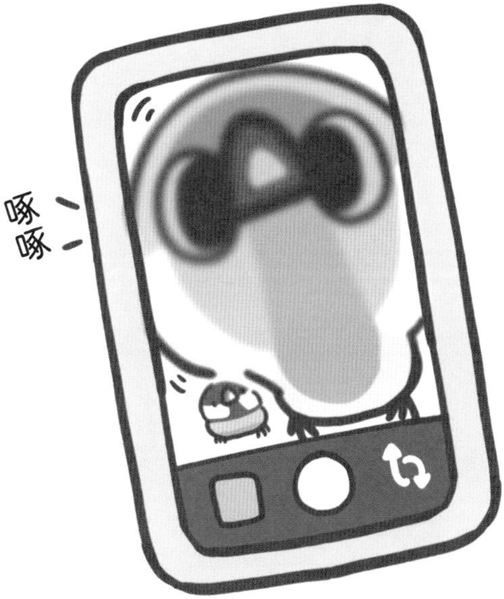

娃娃

大家有見過
太平洋鸚鵡
這種小生物嗎？
長得像娃娃，
藍寶石的背部。
天生自帶眼影
大小像娃娃，
跟大一點的
握壽司差不多。
可以
吃嗎？

*以藍太平洋男孩為例。

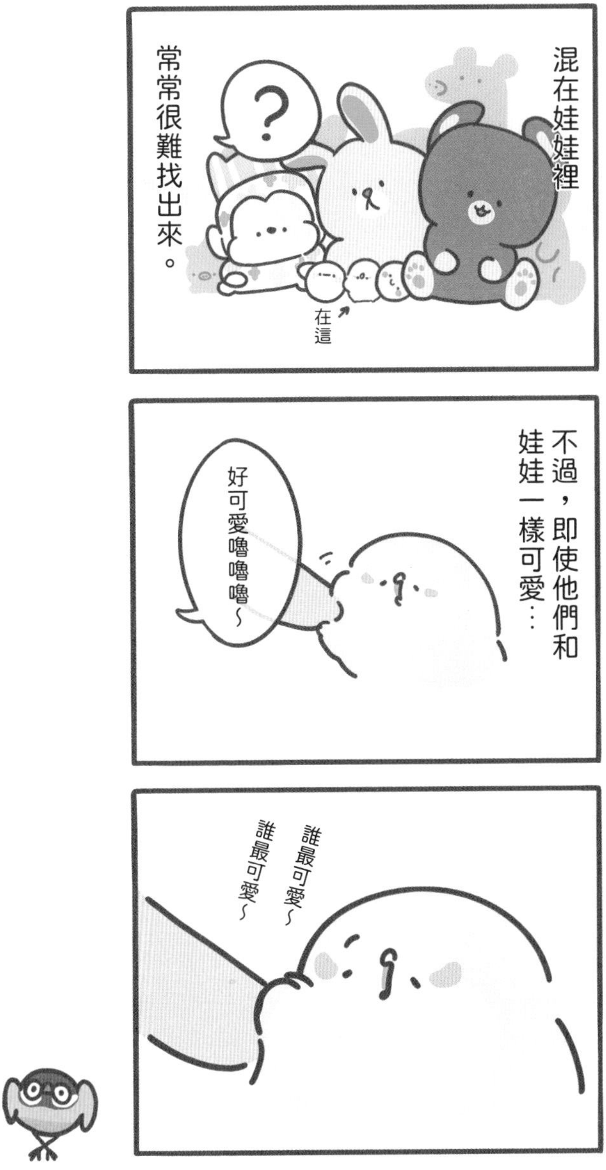
混在娃娃裡
常常很難找出來。
？
在這
不過，即使他們和娃娃一樣可愛…
好可愛嚕嚕嚕～
誰最可愛～
誰最可愛～

嗎槍
偷襲
滋血
啊—
不可以小瞧他們呦！

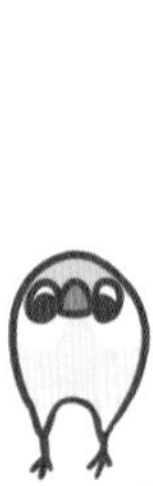

他們的戰鬥力跟可愛度一樣高喔！
驚不驚喜
blood
地域性也很強。
喂喂喂！後退！不然咬你~
換水囉⋯

偷偷摸摸
砰
砰
你不要太過分了！
看看我的手！
剛剛才被你咬過耶！

你給我等著！
囂張
囂張
看我怎麼對付你！
生氣
護體神盾
能保護人類手指的好工具。
別名‥湯匙。

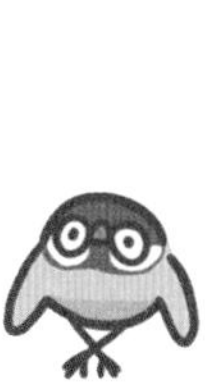

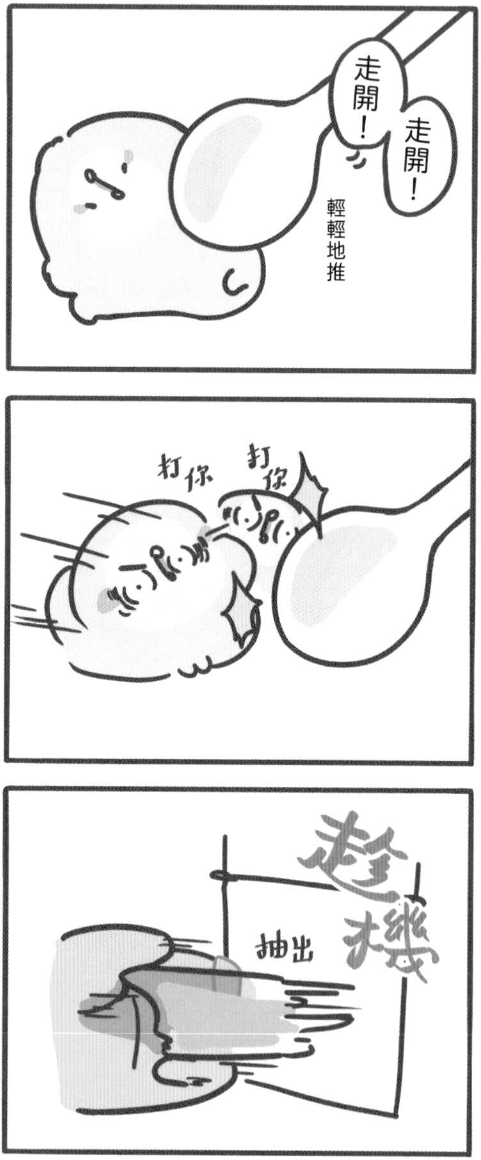
走開！
走開！
輕輕地推
打你
打你
抽出
趁機

喔齁齁～
小小的太平洋鸚鵡還是贏不了人類的！
呼呼
哈哈哈怎麼樣呀！
乾淨的水

戧嗉
蹲低
盯——
還是盯——

好喝！
好喝！
盯——
可、可惡
你不要喝
我裝的水呀！
他們就是如此守護
自己的領域！
（但還是該吃吃
該喝喝就是了。）

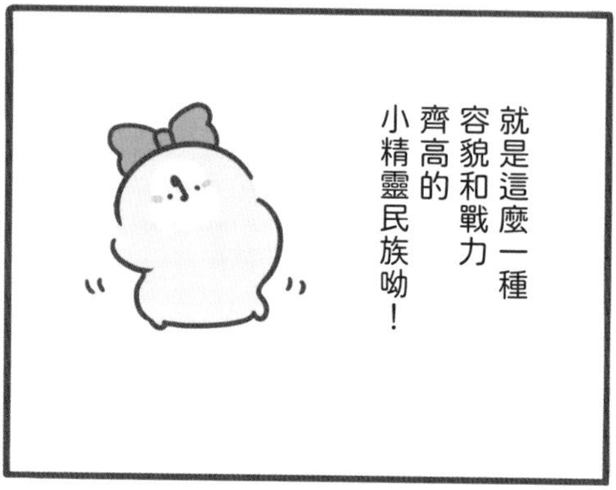
就是這麼一種
容貌和戰力
齊高的
小精靈民族呦！

人類伸手了
衝呀——

味道

你看～
我撿到一隻鳥鳥～
扭動
你抓他幹嘛？
人家玩得好好的。

那當然是——
吸
吸
吸吸
吸吸—
吸吸
吸吸—

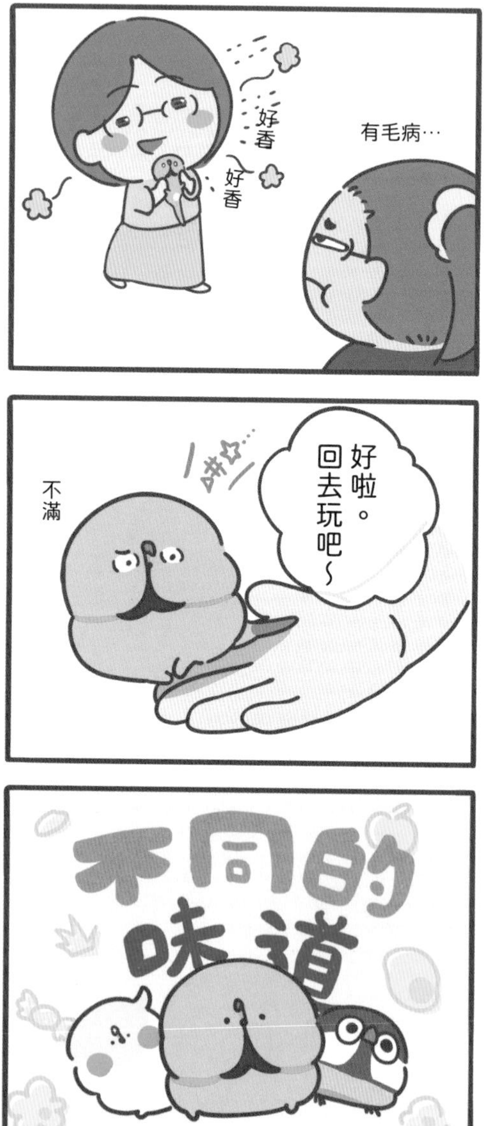
好香
好香
有毛病…
好啦。回去玩吧～
不滿
不同的味道

每隻鳥都有
屬於自己的味道。
像是……
青草味
蛋奶香味
手拿遠點，不要摸摸！

米香味
基本上都很好聞
不過……
好衰呵呵～
人類又抓我……
哇——

我要吸小草味～
怎麼溼溼的？不過沒關係啦！
溼答答

大口吸
石化
好臭

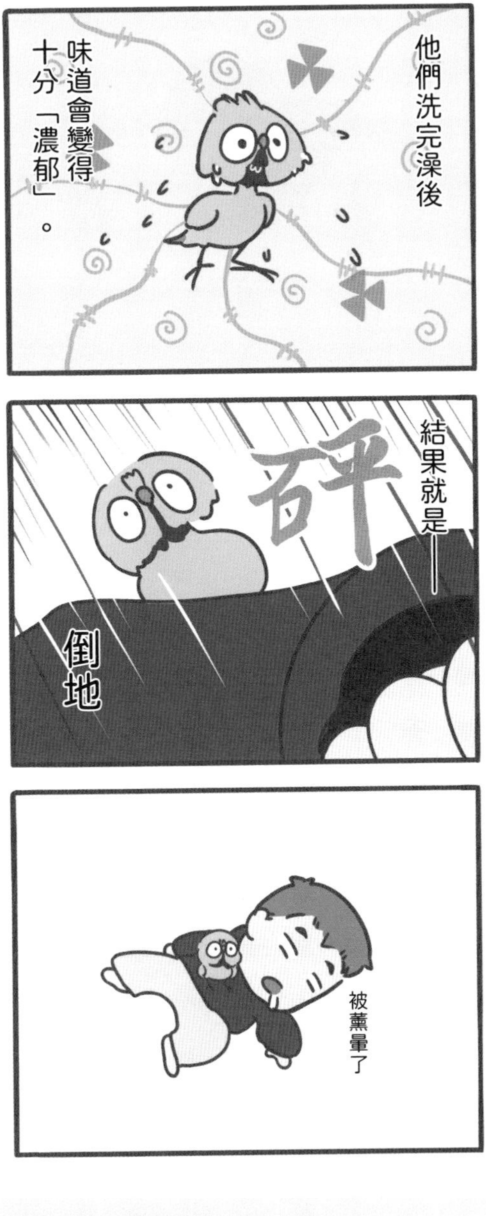
他們洗完澡後
味道會變得十分「濃郁」。
結果就是——
砰
倒地
被薰暈了

兄弟要去玩嗎？

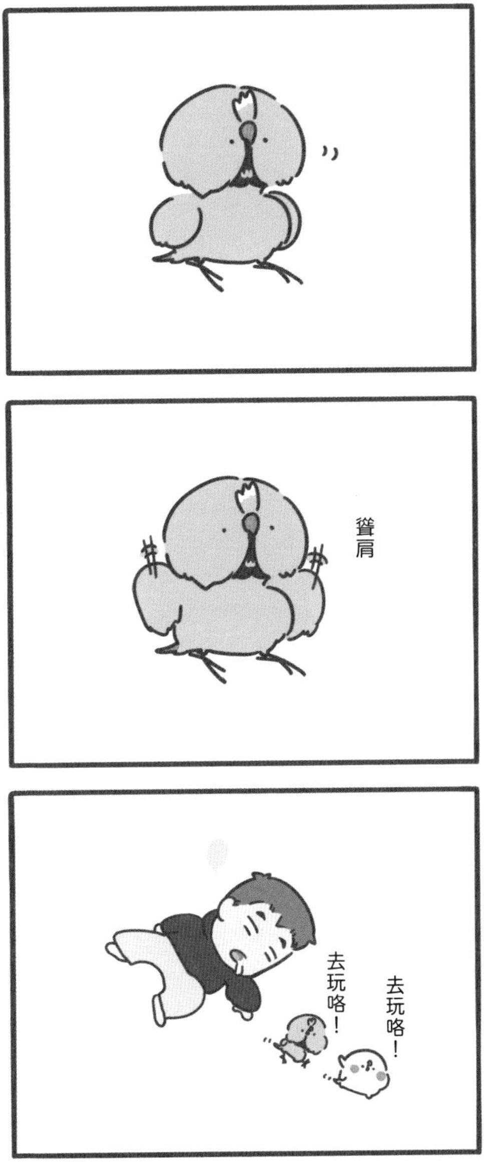
聳肩
去玩咯！
去玩咯！

聽說
鼻子的味道最濃
最好聞呦！

後記

謝謝喜歡鳥寶日常的大家，很開心有這個機會和大家分享小朋友們的日常生活！鳥寶眞的超級治癒，和他們在一起的每一天都幸福滿滿。

以前偶爾會聽到認為鳥寶沒有情感的言論，或是覺得只要有食物和水就算是養好鳥的說法；但其實每個孩子都有獨特的個性，他們的情感豐沛，會開心也會難受；照顧他們也需要事先做好功課，並非有吃有喝就是好，鳥寶絕對是値得珍惜一輩子的家人。

期待鳥寶日常能在現今繁忙的生活中為大家的心靈帶來一絲療癒，也希望世上每個孩子都能過得健康快樂。

最後十分感謝編輯團隊耐心地陪伴手忙腳亂的我們完成第一本書，添了不少麻煩眞的不好意思。因書本篇幅有限，這回無法一次放上所有孩子的故事，往後有機會一定要再和各位分享更多鳥寶生活，大家下次見啦！

願我們所愛，被世界溫柔以待。

雞腿、漢堡包 2024.06

鳥人鳥事多：嘎嗚鳥家登場！/ 雞腿，漢堡包作．-- 初版．-- 臺北市：時報文化出版企業股份有限公司，2024.07；160 面；13X19 公分
ISBN 978-626-396-465-5（平裝）

1.CST: 鸚鵡 2.CST: 寵物飼養 3.CST: 漫畫

437.794 113008626

ISBN：978-626-396-465-5
Printed in Taiwan

Fun104
鳥人鳥事多：嘎嗚鳥家登場！

作者 雞腿、漢堡包｜**主編** 尹蘊雯｜**副主編** 王瓊苹｜**責任企劃** 吳美瑤｜**美術設計** FE 設計｜**內頁排版** 芯澤有限公司｜**副總編輯** 邱憶伶｜**董事長** 趙政岷｜**出版者** 時報文化出版企業股份有限公司 108019 臺北市和平西路三段 240 號 3 樓 發行專線—（02）2306-6842 讀者服務專線—0800-231-705．（02）2304-7103 讀者服務傳真—（02）2304-6858 郵撥—19344724 時報文化出版公司 信箱—10899 臺北華江橋郵局第 99 信箱 時報悅讀網—www.readingtimes.com.tw 電子郵件信箱—newlife@readingtimes.com.tw｜**法律顧問** 理律法律事務所 陳長文律師、李念祖律師｜**印刷** 勁達印刷有限公司｜**初版一刷** 2024 年 7 月 12 日｜**初版二刷** 2024 年 9 月 12 日｜**定價** 新臺幣 320 元｜
（缺頁或破損的書，請寄回更換）

時報文化出版公司成立於 1975 年，1999 年股票上櫃公開發行，2008 年脫離中時集團非屬旺中，以「尊重智慧與創意的文化事業」為信念。